格局

王志纲 ／著

机械工业出版社
CHINA MACHINE PRESS

图书在版编目（CIP）数据

格局 / 王志纲著 . —北京：机械工业出版社，2024.4（2024.9 重印）
ISBN 978-7-111-75605-7

I. ①格… II. ①王… III. ①成功心理—通俗读物 IV. ① B848.4-49

中国国家版本馆 CIP 数据核字（2024）第 075180 号

机械工业出版社（北京市百万庄大街 22 号　邮政编码 100037）
策划编辑：李文静　　　　　　　责任编辑：李文静　闫广文
责任校对：郑　雪　李小宝　　　责任印制：刘　媛
涿州市京南印刷厂印刷
2024 年 9 月第 1 版第 6 次印刷
170mm×230mm・19.25 印张・3 插页・159 千字
标准书号：ISBN 978-7-111-75605-7
定价：119.00 元

电话服务　　　　　　　　　　　网络服务
客服电话：010-88361066　　　　机　工　官　网：www.cmpbook.com
　　　　　010-88379833　　　　机　工　官　博：weibo.com/cmp1952
　　　　　010-68326294　　　　金　书　网：www.golden-book.com
封底无防伪标均为盗版　　　　　机工教育服务网：www.cmpedu.com

序

认知决定格局

当今社会，人们喜欢谈格局。尤其那些不愿虚度人生、想要有一番作为的人，更是热衷于此。所谓"谋大事者，首重格局"，讲的正是这个意思。

我对"格局"一词的兴趣，源自 2022 年 9 月的一场对话。

彼时，我应新东方董事长俞敏洪先生邀请，在抖音《老俞闲话》栏目做了一场对话直播。俞敏洪先生不仅是非常杰出的企业家，更是优秀的提问者。在这场一个半小时的对话中，我们谈的话题可谓天马行空，从各自年少时的经历，到对改革开放的回顾和总结，再到民营企业家的身份之困，以及对人性的思考，这种酣畅淋漓的思维碰撞和交锋，让我自己受益良多。据说，整场直播的累计播放量近 1000 万次。

对话结束一周之后，机械工业出版社的朋友们来拜访我，一方面带来了《王志纲论战略》销量过 10 万册的喜讯，另一方面探讨下一步的合作。聊天时，他们提到了这场直播过程中弹幕上的一个高频词：格局。（"这个嘉宾的格局真大""这是《老俞闲话》栏目有史以来格局最大的嘉宾""虽然有的时候听不懂，但感觉很有格局"……）对读者心理非常敏锐的出版社编辑建议我从"格局"入手写一本新书。

从事战略咨询逾 30 年，出入江湖庙堂之间，我听到过很多或真心或假意的褒奖，当然亦不乏微词，不过是是非非基本上都局限于极小的圈子，这也是战略咨询的行业属性所决定的。但在直播这种典型的公域传播场景里，绝大多数观众并不了解我王某人究竟是谁，大家为什么会不约而同地把我和格局扯上关系？这也激发了我的职业本能，开始思考：到底什么是格局？为什么观众会觉得我有格局？"格局"一词流行背后的社会因素是什么？

深入剖析后，我意识到：对每个人的人生而言，有无格局，可谓天壤之别，格局的重要性不可小觑。但"格局"一词又带有相当强的主观性，很多人往往用而不得其法，谈而不解其意，培养格局更是无从谈起。

追本溯源，"格局"最早是命理学的专用词语，指的是"定格"与"合局"。在命理学中，对八字进行区分、汇总、提炼，就变成了格局。

"格局"一词最早见于书面文字，目前可以追溯到宋代蔡絛的《铁围山丛谈》一书："而后操术者人人争谈格局之高，推富贵之由，徒足发贤者之一笑耳。"说的也是命理学范畴的"格局"。随着时代的发展，"格局"一词的内涵逐渐泛化，至明代后期，已经有了命理学之外的含义，如"审格局，决一世之荣枯；观气色，定行年之休咎"中的"格局"。

时移世易，"格局"一词的使用范围越来越广，小到个人，中到组织，大到区域，乃至国家，各有各的格局。但究竟何为格局，仍然众说纷纭。

具体来说，有人解释为气度，有人解释为修养，有人解释为筹谋，有人解释为胸襟，有人解释为眼界……听起来似乎都有道理，但又都不尽全面。

作为战略咨询师，从战略的角度来解读"格局"，我认为一句话足矣：<u>小道理服从大道理</u>。

在社会生活中，面对纷繁复杂的问题，公说公有理，婆说婆有理，共识往往难以达成，<u>但在众多的道理中，往往有且只有一条最核心的道理，即"大道理"</u>。世界是复杂、辩证、动态的，任何事物的发展，都是多种矛盾同时存在并得以解决的过程。而在诸多矛盾中，必定有一种起着主导、决定性作用的矛盾，即主要矛盾。在这一矛盾中，又有提纲挈领的主要方面。<u>抓住主要矛盾的主要方面，就做到了小道理服从大道理。</u>

所谓"小道理服从大道理"，在个人层面，就是要分清事情的大小要害、轻重缓急；在企业层面，就是要找准核心竞争力、关键驱动环节和战略破局点；至于区域层面，就是要在一盘棋中找到棋眼，棋眼活，则全盘活。

但令人遗憾的是，面对复杂纷呈的世界，人们对小道理知道得越来越多，对大道理却懂得越来越少，人们往往只考虑如何适应游泳池人工的水温与波浪，而无视大海自然的波涛与深沉。当人工智能时代扑面而来，掌握信息的多寡已变得不那么重要时，如果不辨"大小"，即使日日废寝忘食、悬梁刺股，依然有被时代淘汰之虞。<u>分清台前与幕后、现象与本质、偶然与必然，是打开格局的关键之所在。</u>

大格局对人究竟有什么益处呢？我想起码有以下三点。

<u>第一，大格局有助于每个人在更宏观的尺度上认识人性。</u>

天意难测而识者少，人心可察而变数多。古往今来，历史在

变化，人物在更替，唯有人性，能够击穿时空，抵达永恒。这是古今之间能够理解沟通的基础，也是培养大格局的逻辑。

历史大潮，浩浩汤汤，奔流不回。随着时间的推移，人们的政治立场、艺术审美、科学技术，以及社会上的流行理念，都在时时变迁，唯独人性变动极少。

《圣经·传道书》中说："日光之下并无新事。"唐太宗说："以铜为鉴，可正衣冠；以古为鉴，可知兴替；以人为鉴，可明得失。"本质上讲的都是人性。对人性进行洞察，从而判断个人应如何自处，是通往大格局的起点。

第二，大格局有助于每个人在更抽象的维度上判断事物。

从做记者到后来做战略咨询师，这么多年，我见过无数成功或失败的案例，总结下来，无论小到一个人，还是大到一个企业、一座城市乃至一个区域，成功者之所以能够成功，首先是因为其清楚地认识到了发展的大势、规律和自己所处的位置。顺势而为则事半功倍，贸然行动则事倍功半，这是千古不易的真理。孙中山所谓"天下大势，浩浩汤汤，顺之者昌，逆之者亡"，说的也是这个道理。

对组织的领导者而言，打开格局往往意味着对具体业务层面的大胆超越，有利于领导者跳出纷繁复杂的日常管理事务，思考关乎组织存亡的重大抉择。对每个平凡的个体来说，打开格局也有利于认清主观世界与客观世界之间的关联，重新审视自己的工作与生活。

第三，大格局有助于每个人在更底层的逻辑上认识自己。

认识他人不易，认识自己更难。对每个人来说，社会就像一个筛子，是米是糠，由不得自己。不论米往哪里走，糠往哪里走，沙子往哪里走，最终都会各归其位。不少人之所以经常碰壁，不被别人认可，往往是由于对自己的主观判断与客观评价差异太大。

认不清自己所处的位置，最终的结果注定是悲剧。更加可悲的是，这种人通常会认为是社会对不起自己，从而产生众人皆醉我独醒的心态，滑向愤世嫉俗的渊薮；又或是无限度地自我合理化，绞尽脑汁寻找借口，以此来为失败或者错误辩护。

格局固然重要，但并非万能药。如今有不少人宣扬"格局决定人生""格局决定高度"等论调，未免给人以贩卖心灵鸡汤之感。

空有格局而无韬略者，容易落入"志大才疏"的窠臼。格局小而机心重者，即使偶然有所收获，也只是昙花一现。根据我和数以千计的企业家打交道的经历来看，大格局并不一定会直接导向成功，但是如果连格局这关都没有过，则必然不会成功。真正能走到最后的人，无一例外，其格局都超乎寻常地大，并且也有着过人的韬略。（如何修炼与"雄才"相匹配的"大略"，是我在上一本书《王志纲论战略》里面所写的内容。）

格局既然如此重要，那么具体该如何修炼呢？<u>一言以蔽之，我认为格局修炼的本质在于认知的不断升级。</u>

格局的大小和知识的多少并没有决定性关系，关键在于是否具备足够的认知。一个人和他人的终极差别，不在于他是王侯将相还是贩夫走卒，不在于他的官位高低或财富多寡，衡量一个人最终水平的就是他的认知能力。认知能力决定了一个人的终局。

<u>人生最终的修行，既不是钱财的积聚，也不是地位的升迁，而是认知能力的不断升维。</u>

叔本华曾说，世界上最大的监狱是人的思维意识。我们每个人都活在一个圈里，这个圈就是人的思维和认知。<u>人这一辈子，都在为自己的认知买单。</u>

哲学家的话有些深刻，我曾经打过一个更通俗的比喻——社会如舞台。演戏的"演员"是疯子,在聚光灯照射下,"演员"很陶醉,但往往也许"知其然"并"不知其所以然",起高楼、宴宾客、楼塌了不过转瞬之间;看戏的"观众"是傻子,台上的人哭他也跟着哭,台上的人笑他也跟着笑,很多传奇信以为真,其实未必;写戏的"编剧"是骗子,华美辞章编织的美好幻象背后,总有着不为人知的目的或机心。

这时候或许有人会问:"那你是什么呢?"我曾当过执笔的"编剧",也做过看戏的"观众",但因为战略咨询这个职业的天然优势,我逐渐成了一名"舞台监督",在灯光照不到的阴影处,默默观察着一出又一出好戏,我既可以看到台下"观众"的情绪起伏,又可以看到台上诸"演员"摘掉面具之后的本来面目。积年累月,我终于得以构建起一套立体的认知模型。

那么,到底什么是认知呢?

在我看来,认知就是哲学上认识论的时髦表述模式。简单来说,<u>认知就是你怎么看待世界、怎么看待人生、怎么看待自我的总和。认知能力是一种在面对万事万物时洞烛探幽直抵本质、穿越偶然抵达必然的能力。</u>

认知能力和天赋有关,但照样可以培养、锻炼。只要方法得当，并持之以恒，你的认知能力成熟只是早晚的问题，即使到达不了成功的彼岸，你的人生也将会截然不同。

中国有句古话：看山是山，看山不是山，看山还是山。**认知的第一个层面，就是"看山是山"**。我们在生活中常常会遇到一种人，他们职位很高，或者生意做得很大，但看问题还处于"看山是山"的层面，好像什么都看到了，但看到的只是表面现象。如果一个人认知处于这种层面，偏偏又能调动巨大的力量，很可能会带来灾难性的后果。

认知的第二个层面，是"看山不是山"，就是我们有了专业知识、社会阅历之后，特别是经历了江湖的磨炼之后，我们看到的不再是表面的"山"，而是一个个侧面。比如地理学家看到一座山，可能会说这座山是由什么构成的，经过了怎样的地壳运动；军事家看到一座山，可能会说这座山是否具备军事价值，如果要进攻山头，该怎样部署兵力；文学家看到一座山，可能会想起"横看成岭侧成峰""飞流直下三千尺"等名句。在这个层面，认知能力体现为专业性和纵深度，很多专家和在某一行业浸淫多年的老板，都处在这一层面。专业性强固然是一件好事，但如果过于信任自己的专业判断，而忽略了更广阔的世界，就会陷入作茧自缚的窘境。

认知的第三个层面，是"看山还是山"。这是一种洞察世事后的返璞归真。经过了否定之否定的过程以后，你看到了山的朴素整体，同时也看到了构成山的底层逻辑和必然力量。在这个层面，你看到了事物间的相互联系，看到了万般风景的生成和消逝，看到了人心的复杂易变，因此你才能有极大的包容性，让山川河流、草木鱼虫皆为我所用，成就一番事业。

在电影《一代宗师》中，据宫二小姐讲，她父亲常说："习武之人有三个阶段——见自己、见天地、见众生。"这是依次递进的三个阶段，越往后境界越高。如果将"见自己、见天地、见众生"这三见放大到整个人生，其实就是搭建认知金字塔的过程。

所谓"见自己、见天地、见众生"，就是人和人的认知差别所在，也是寻常格局和伟大格局分岔的起点。

所谓"见自己"，就是知道自己是谁，明了人生的使命。在人生三见当中，最难的就是见自己。

有些人终其一生都浑浑噩噩，始终不能见自己。有些人需要历经许多岁月，众里寻他千百度，然后才能见自己。有些人悟性很高，年纪轻轻就能见自己，比如毛泽东在1917年写出《心之力》时,还是湖南省立第一师范学校的学生,却已显露出非凡的大志。

见自己最重要的功课,就是诚实——对自己诚实。**一个人只有接纳自己的不完美,并认识到自己的长板,然后倾听内心的声音,才能见自己。**当我们能够见自己,知道自己是谁,知道此生的使命,找到生命的意义时,我们就会有强大的内驱力,就会马不扬鞭自奋蹄。

所谓"见天地",就是洞察事物的底层逻辑,参悟天地运行规律。**见天地的大前提,是保持谦卑和有好奇心。**《庄子·秋水》曾言:"井蛙不可以语于海者,拘于虚也;夏虫不可以语于冰者,笃于时也;曲士不可以语于道者,束于教也。"如果你始终被狭小的生活环境所限,而无法认识到世界的广阔,认知能力也将永远停留在比较低的层次。

见天地最重要的功课,就是日积月累地修炼,最终形成独属于你的阅历。"读万卷书""行万里路""历万端事""阅万般人",一个都不能少。我常讲,人生是一场体验,幸福是一种感觉,不断地丰富人生体验,正是我毕生追求之所在。与江流相伴,与山川共舞,历自然之神奇,见人世之变幻,当万千纷繁世界扩展了人生的宽度,人的格局也就由此打开了。

所谓"见众生",就是回馈众生以价值。见众生的第一功课,是通晓人性。如果我们不能通晓人性,不能正确地看待他人,那么"他人即地狱"。

众生有诸多的不完美,有时还会给我们带来一些伤痛。当我们通晓人性,就能以慈悲之心,接纳众生的不完美。"世事洞明皆学问,人情练达即文章。"人情练达不是圆滑世故、随波逐流,而是和光而不同尘,同流而不合污。

见众生最主要的功课,就是投入地做事。见众生不仅是看见众生,而且是心中有众生。一个人年纪轻轻就自以为看破红尘,做生活的旁观者,大谈"放下"和"无为",殊不知那不过是逃避和躺平的借口。我们要积极地入世,通过做事为他人创造价值,并在此过程中提升自己。

人生三见,最难的是见自己,最有意义的是见众生,而最重要的是见天地。见天地的功夫,是一个人安身立命之本。一个人见自己、见天地、见众生的能力,就是决定格局大小的基础。

前文讲了这么多,归根结底一句话:从认知入手,修炼格局。但毋庸讳言的是,每个人的格局也存在先天决定的部分。换言之,格局除了表现为理性认知之外,还表现为某种"非理性"的气质。这种气质很难用语言来解释,所谓帝王气也好,领袖气也罢，乃至匪气，其实都是同一种气质在不同人生境界的体现。

根据我的学习与观察，大到帝王，中到商场上打拼的老板，小到地痞流氓，凡是具备这种气质的人，往往都有一些共同特点。

他们对事物的判断标准往往和世俗不同，对利害得失的认识也有别于常人。有人翻遍中国史书，总结出欲成大事者的三个特点："挥金如土""爱才如命""杀人如麻"。这个描述可以说虽不中亦不远矣。这类人的客观表现，看起来就是：胆大妄为，不走寻常路，总有一种不守规则的冲动。

当这种气质表现得格局再大一些时，就变成了领袖气甚至帝王气。金鳞岂是池中物，一遇风云便化龙。每遇大争之世或非常之时，胜利常常不属于那些循规蹈矩的人，而钟情于那些传统体系中的"离经叛道"者。

当然，从古至今，这样的人绝大部分都失败了，有些甚至被钉在了历史的耻辱柱上，成了令后人嘲笑的妄人，但他们曾吸引相当多的人自动聚集到他们身边，并将自己的人生意义和前途寄托在他们身上。

很典型且具有对比性的案例，就是陈胜和刘邦。

作为大争之世的一头一尾,陈胜和刘邦有很多相似之处。

陈胜年轻的时候,一度"与人佣耕",也就是充当佃农,租别人的农田来种。某一天他种田种到一半,忽然扔下农具,在田埂上陷入惆怅,然后说出了一句千古名言:"苟富贵,无相忘。"

周边的伙伴全都笑他:"若为庸耕,何富贵也?"("你一个帮佣种田的泥腿子,哪来的富贵呢?")陈胜长叹了一口气,又说出了一句千古名言:"嗟乎,燕雀安知鸿鹄之志哉!"

这段对话很难说是真实发生过的,还是陈胜称王之后有意或无意宣传的,但无论如何,都在2000多年来的历史上刻下了无法磨灭的痕迹,鼓舞了一代代力图改变命运的草莽英雄。即使到了今天,凡胸怀大志者,读到这段振聋发聩的宣言,也常忍不住掩卷而叹、击节而歌。

像陈胜这种天生的"格局"拥有者,在具备极强领袖魅力的同时,性格上往往也存在很多缺陷,比如鲁莽、急躁乃至颟顸等。如果无法随着事业的展开而加深对格局的进一步修炼,就会体现为左支右绌、大而无当,甚至遭遇重大失败。

毫无疑问,陈胜是极富领袖气质的人,但这位天生的领袖在揭竿而起之后,反而陷入了巨大的战略困局之中。先是快速称王，失去道义大旗；继而兵分五路，导致局面完全失去控制；危急关头，又举起屠刀，连曾经一起"躬耕"的伙伴也没有放过，最终落得个离心离德、身死国灭的下场，为真正的时代主角刘邦、项羽做了垫脚石。

刘邦的出身同样寒微，甚至在年龄上也占尽劣势。刘邦只比秦始皇嬴政小三岁，可以说是同一个时代的人，陈胜揭竿而起时，刘邦已是四十许人，在人均寿命偏短的古代，几乎算是半只脚踏进了坟墓。就这样一个混迹于阡陌市井的老男人，在风云际会之时，竟一朝而起，最终开创了汉家万里江山。论得国之正，堪与朱元璋并立于历朝历代之巅。

纵览刘邦荡气回肠的崛起生涯，你会发现，他的格局之大、筹谋之深，堪称典范。

刘邦有很多弱点，尤为"好酒及色"。刘邦率兵攻入咸阳后，财富、权力、土地、美色顷刻袭来，很快他就被声色迷了眼，窝在咸阳秦王宫里享乐，但在被樊哙、张良指出错误后，刘邦立刻就从纸醉金迷中走了出来。从此秋毫无犯，满堂金玉一律不取，三千佳丽一概不碰，并且跟百姓约法三章，赢得了人心。

历代开国皇帝中，刘邦本身的谋略和智慧不算差，但也算不上有多出色，唯独容人之量极为罕见。同时代的陈胜、项羽等人与之相比，差距简直不可以道里计。

刘邦并非没有猜忌之心，相反，他是绝对的雄猜之主。在那个充满欺诈和背叛的时代，刘邦很早就放弃了对道义、忠诚、信任的幻想，但他在乱世中，同样逐渐锤炼出了极高明的技巧，平衡了"用人"和"疑人"的尺度。

正如皇甫谧在《帝王世纪·汉高祖论》中写的那样，刘邦"羁勒英雄，鞭驱天下，或以威服，或以德致，或以义成，或以权断"。在刘邦的人才库中，韩信是一把射日强弓，在鸿鹄猎尽后，就要鸟尽弓藏；萧何是一件镇宅礼器，安定家宅，平稳后方，平时高高捧起，统摄诸僚，但要不时敲打一番；张良是一块卜筮用的龟甲，关键决断时拿来参阅，以参天机，但必须私藏内室，不与外界接触，将其彻底孤立；至于曾经背叛过他的雍齿，则像一味苦黄连，即使内心再厌恶，也要捏着鼻子吃掉，方能安定人心。<u>能得人，能用人，能忍人，正是这种在血与火中锤炼出的大格局，成就了刘邦的大业。</u>

自陈胜、刘邦以降，千百年来无数英雄人物，在风云际会的大时代里崭露峥嵘，或成龙上天，或成蛇钻草。在他们身上，你除了看到波澜壮阔的人生际遇、历史车轮下的铁血和筹谋之外，还应看到其格局的修炼过程。

或许有人会说,英雄豪杰的传说,离我们的日常生活太过遥远,也不具备可供学习或借鉴的路径。但在我看来,恰恰相反,格局并非帝王将相或富商巨贾的专属品,对刚刚步入社会或职场的年轻人来说,培养格局的路径其实一样。

我特别喜欢袁枚的《苔》,这首诗是这样写的:

> 白日不到处,
> 青春恰自来。
> 苔花如米小,
> 也学牡丹开。

乍一看,这首诗好像很平淡,然而越回味,越能琢磨出韵味来。苔藓长在阴暗的地方,太阳好不容易才能照到它一点,但是它照样开花。尽管苔花看起来比米粒还小,但是它照样跟牡丹一起争艳。这就是"精气神"的体现。即便只是一个小人物,也可以有大格局。我觉得这特别适合我们当下的年轻人。<u>与其更多地咏梅,不如好好地观察苔花,体会小人物同样可以拥有的大格局。</u>

格局的修炼不见得都是宏大叙事,小到吃饭买单,中到做生意合作分利，大到人生选择，其实都是格局的"修炼场"。很多人看似精明，但其实只是在针头线脑的问题上算得精明。我一直秉承一个观点：小错不断，大错不犯；小病不断，大病不犯。有些人考虑周到，八面玲珑，算得很精，但一出问题就是致命问题；有的人平时身体很好，但一生病就是大病。面对人心浮躁的时代，如果无法以更宏阔的视野来看待世界，而局限于小的得失，那么在人生道路上难免会走入歧途。悲哀的是，有些人到老都没有醒悟，只知不停埋怨客观环境，平时却连和朋友吃饭买单都要算计半天，根子上的问题都是出在"格局"上面。这样的例子在我们身边比比皆是。

如果想要减少一些个体或者整个社会的悲剧，我想最好的办法莫过于尽可能多地把一些阅世识人的经验和分析事物的方法讲给年轻人听，帮助他们打开眼界，不再只是盲目地跟风，而是通过修炼自身的认知与格局，认识他们所处的社会、时代及未来的发展大势，认清他们所应该选择的方向和道路。因此，本书其实是一本写给年轻人的书。

在本书中，我竭力避免陈词滥调的说教，更不希望以某种"权威"的形象示人，而是将我关于格局、认知和人生的思考和盘托出。在创作过程中，我的助理窦镇钟完成了全书的文字整理工作。作为一名"90后",他对书中的很多话题可谓心有戚戚焉。平日我们也会围绕年轻人的困惑进行交流,并且组织了许多场跨越代沟的"围炉夜话",让我对当下年轻人的精神世界有了更加真切的感受。

俯仰无愧天地,褒贬自有春秋。我虽然走出书斋,亲历商海搏杀,但本质上依旧是一介书生。感谢历史给了我机会,让我能够有幸长达40年在第一线参与中国改革开放的历史进程。

在不断挑战困难和不断解决现实问题的过程中,智纲智库积累了丰富的理论和案例经验。由于我从事的是战略咨询行业,所以可以一直从对底层逻辑和规律的探索中收获满足,并不断地升华。本书的内容源自我近40年来阅世识人的战略实践,源自行走于庙堂江湖间的丰富经历,更是源自见过太多成王败寇后的经验总结。

这个世界上从来没有对任何人都适用的道理,只有最适合你自己的道理。你关于人生道路的思考不会终止,本书也不会给你一个一劳永逸的答案,只希望它可以为你打开一扇窗,让你睁眼看外面的世界。它并不想告诉你任何关于人生的明确答案,更不是保证多少天可以达到目标的成功秘籍,而是给你一个超越自己生活的地域、时间和身边朋友圈子的视角,使你能够从一个全新的角度审视、反思自己现在的情况并规划未来发展的道路。

最优秀的老师往往不是给学生灌输知识，而是能让学生用新的角度去观察事物。最伟大的艺术家不仅让你从他的作品里看到他眼中的世界，而且让你在看了他的作品之后，能以一种全新的角度去看待自己身边的世界。本书或许无法达到这种境地，但只要读者能从中撷取一二精华，我也算无愧于心了。

真心希望你开卷有益！

目　录

序　认知决定格局

第一章　我的修炼格局之路　/1
　　闭塞与开放　/6
　　自尊与自强　/15
　　苦难与幸福　/33
　　小账与大账　/45
　　事业与职业　/55
　　机会与诱惑　/67

第二章　观局　/85
　　因时成势——时势造就英雄　/92
　　因地成事——天时不如地利　/101
　　因人成功——地利不如人和　/111
　　经济下半场——四新改变中国　/122

第三章　成事 / 149

读书、读人、读世界 / 154

少年、记者和学者 / 165

人生最难的是做"减法" / 171

王氏认知金字塔 / 178

如何做到处变不惊 / 184

内卷和躺平 / 189

接受你、喜欢你、离不开你 / 195

点线面体的方法论 / 202

第四章　修心 / 211

幸福的三个标准 / 215

如何看待死亡 / 226

人生的三种目标 / 232

交友的三种境界 / 244

知识的五个层次 / 254

知人者智，自知者明 / 262

自用之才与被用之才 / 266

后记　人生三底 / 274

赞誉 / 278

第一章
我的修炼格局之路

人这一辈子,都在为自己的认知买单。

...

人事有代谢,往来成古今。一转眼,我已是"奔七"之人,按常理已经快到退出历史舞台的时候了。

我们出生于五六十年代的这一代人,命运起伏之大,纵观历史,也可以说是很罕见的。我们经历过改革开放前的困顿与贫瘠,在各种"运动"中飘摇,那种深刻的记忆也造就了这一代人的坚韧。

壮年时,我们也曾意气风发,青春作赋,随着春雷炸响,奋力一搏,奔流激荡的大势为我们这一代人提供了改写命运的无限可能,传奇与落魄同存,英雄与氓流共舞。大起大落、大悲大喜、大开大阖、大忠大奸,命运的强烈反弹与转折,吃不尽的苦和享不尽的福在我们身上交汇。

到了晚年,风云过眼,穿越幽邃的时空隧道,偶尔还会想起很多早年的峥嵘往事。有幸躬逢这个伟大的时代，让我在改造客观世界的同时，也不断充盈着自己的精神世界。一路走来，虽称不上大富大贵，却足够丰富精彩，更加弥足珍贵的是，无论经历多少诱惑，我始终不曾抛下知识分子的自由精神和独立人格。

我一直以为，只有没出息的人才会总是回忆和缅怀昨天，有出息的人总会着眼和展望未来。但从昔日小山坳里长大的年轻人，到如今鬓角染霜的老者，半个多世纪以来，我几乎参与了、穿越了整个中国的翻天覆地的变化过程，而且不是作为单纯的"吃瓜群众"，很多重大的历史节点，我也有幸或多或少地参与或见证。

在1978年，中国恢复高考的第二年，23岁的我终于考上了大学。大学四年结束以后，整个中国正好处于激情燃烧的改革岁月，我心中充满了对未来的憧憬。那时，很多有志之士都在思考：中国向何处去？中国要走向富强和民主，昨天的道路显然是走不通的。明天的道路在哪里？

在这种背景下，我成为新华社记者，几乎采访了当时整个中国在改革开放一线的所有省级政府主要领导，也采访了当时中国企业界的一大批风云人物，当然还有一批当时崭露头角的学者。也听过这些人对于中国向何处去、中国的命运如何的一些看法。不管后来如何，他们身上有一点让我觉得很了不起，那就是他们都对整个国家充满了责任感。天下兴亡匹夫有责，他们都希望用自己的意志和努力去推动和改变这个国家，这种精神还是很伟大的。

做记者的这 10 年可以说让我在读万卷书的基础上，有了行万里路的经历。得益于此，别人看世界可能是平的，我看世界却可能是圆的、立体的。

30 年前，我有感于中国要向深水区前行，真正走向社会主义市场经济，走向深度改革开放，走向全球一体化，所以我从体制内走了出来，探索建立中国智库。用了 30 年时间，我几乎参与了中国所有的城市和区域（从东部到西部，从沿海到沿江，从发达地区到闭塞地区）的区域化探索和战略制定。与此同时，我也大量参与了各个行业的企业战略的制定和推进，以至于后来富豪榜上有名的若干企业家，智纲智库都是他们背后的推手。

读万卷书，行万里路，历万端事，阅万般人，使我眼中的世界变得立体、丰满，也使我有了一些跟别人不太一样的认识。在这一章中，我用闭塞与开放、自尊与自强、苦难与幸福、小账与大账、事业与职业、机会与诱惑这六组关键词，来分享我这些年来的所行、所思、所悟，概括我的格局修炼过程，希望能对你有所启发。

闭塞与开放

有人说，人类最大的不平等，是出生地的不平等。在我看来，这句话对错参半。沿海和内地、城里和乡下、山区和平原，不同的成长环境的确会给人带来不同的影响，但并不存在绝对的优劣之分，更关键的是个体的主观能动性。万不可因自己是小地方的人，就妄自菲薄。

一位朋友曾说过这么一句话："小县城往往诞生大人物，大城市则多产小市民。"我以为虽语出偏激，但颇有几分见地。

的确，大城市能培养出素质高、眼界宽、格局大的年轻人。我的夫人就是在这种环境中成长的，她的素质、眼界、见识乃至心性，都令我钦佩。当然，出生于大城市又是独生子女的她，至今都无法理解我对家乡的兄弟姐妹、亲朋好友的帮扶之谊，在这点上，我们也有过不少争论。

与此同时，还有一些人，在大城市日常的琐碎生活中，形成了蝇营狗苟、斤斤计较的小市民心态，凡事以自我为中心，根本谈不上有什么格局。越是流光溢彩的大城市，越只是少数人的舞台，多数人都在为了生计而奔波，眼前所见不过是庞大都市的一隅，囿于两点一线的单向度生存，很难形成立体的世界观。

相比之下，县城的资源和空间的确有限，但这并不意味着出生于县城的人就天然低人一头。县城是最典型的中国社会，麻雀虽小，五脏俱全。它离乡土中国最近，离现代中国也不远。小县城里往往蕴藏着中国社会最浓郁的人间烟火，演绎着最丰富的市井故事，承载着普通人的爱恨情仇。只要你有心，在县城里同样可以看到立体的中国，看到浓缩的社会。

在人生的头 20 年，我有幸生活在县城，从经济基础、上层建筑，到市井生活、人间百态，我都曾完整感受过。有些人可能对它们熟视无睹，但我却深受触动，由此养成了很多受益终生的习惯，也形成了最朴素的世界观和生活观。

我所在的小县城，隐于层峦叠嶂深处。对于小时候，我印象最深的，就是自己站在云雾弥漫的山头，思接千载，神游八极，眺望关山万重，遥想山外世界。

在交通受限的年代，很多人一辈子都被山所阻隔，永远走不出来，但有一类人则被山赋予了超群的想象力。"世界那么大，我想去看看。"同样出生在山里，是选择坐井观天、妄自尊大，还是任想象信马由缰穿透时空，可能是个体命运最初的分野。

这种自我觉醒的世界观，一方面和天赋有关，另一方面也源自多方因素的刺激。

那时我们家住在一个大院里，一起住的还有几户人家。其中一位发小的父亲在煤矿当采购员，每个月回来一趟。每次和他父亲聊天，都会成为我难得的精神盛宴。

我印象极深的是，有一次和他父亲聊天时，我的这位发小炫耀他父亲从海边带回来的贝壳和海螺。我第一次见到这么漂亮的东西。一边看贝壳，一边听他父亲讲海上日出，讲潮起潮落。"海客谈瀛洲，烟涛微茫信难求"的意境让我无比向往。

长大以后，我专门去了那位叔叔在聊天时说的那片海岸，无比失望，那儿只有一小片根本谈不上恢宏的海滩。但在幼时，贝壳和海滩，以及心之所往的外面世界，成了敦促我走出大山的原始动力。

从我有印象时开始，我和外面世界最大的阻碍就是交通。人们常说"蜀道之难，难于上青天"，殊不知黔道比蜀道还要难上加难。李白《送友人入蜀》里写的"山从人面起，云傍马头生"，也正是我小时候对黔道的真实观感。

当年我从老家黔西去贵阳,一路翻山越岭,100公里不到的路,坐汽车要坐上一整天。

交通的不便,常常伴随着见识的狭隘,所谓"夜郎自大"就是这个意思。在偏远闭塞的小县城,我庆幸有一位知识分子父亲,他毕业于国立贵州大学法政系(原名贵州法政学堂,1927年并入省立贵州大学,1942年省立贵州大学改名为国立贵州大学),是那个年代极少的正牌大学生。我还记得在刚过了识文断字的阶段时,我就迷上了一套讲解中国成语的连环画。父亲只要在家,总会给我讲解那些我读了半懂不懂的书中故事。幼承庭训的时光,奠定了我最初的文化根底。

除此之外,父亲还经常带一些报纸回家,我记得很清楚,其中有《参考消息》《文汇报》和《贵州日报》,在那个荒疏的年代,这三份报纸成了我了解山外世界的渠道。多年的潜移默化,让我从小养成了从大局着眼去看中国和世界问题的习惯。所以,当"尼克松访华"新闻一出,周边人还在发蒙的时候,还在工地当泥瓦匠的我却深知:新的时代要来了。

虽然预感到时代可能发生剧变,但摆在我面前的现实依旧逼仄。1975年,经过种种波折,我终于中学毕业了。但我悲哀地发现，面前没有任何出路。一个风华正茂的年轻人，他的未来竟然是一块铁板，这是当下的很多年轻人想都想不到的。他们的困惑在于选择太多，而我们那一代年轻人的困惑在于没有前路。

当时大学已经停止大规模招生多年，偶有招生，也只招工农兵学员，家庭出身不好的青年，读书成绩再好，也上不了大学。至于就业，就更不可能了，那时整体国民经济状况很差，工厂几乎不招工。要是哪个青年能当上工人，那简直是值得所有街坊邻居羡慕的事情。

有两个带着时代烙印的小故事，让我印象特别深。当时像我这样家庭出身的年轻人，唯一的出路就是去当兵，而那时要是有人想当兵，除了要有关系，还要有特长。为了能够当上文艺兵，我认真地苦练了三年手风琴，苦练了若干年篮球。后来我打篮球的水平相当高，我的手风琴也可以独奏了，当时面试我的部队首长都说这小伙不错，可以考虑当体育兵。当我踌躇满志以为能当上兵的时候，在地区篮球比赛前夕，我由于打球中的一次事故，把手腕摔断了，这条路就彻底断送了。后来体委让我去当了女篮教练（以临时工的身份），这份工作我干了整整三年。面对一群十五六岁的花季少女，我尝试全新的训练方式，把一支默默无闻的篮球队训练成了打遍全省无敌手的女篮队伍，我以为这回我可以改变自己的命运。因为体委主任曾经说过，只要有工作指标下来就能解决我的身份问题。有一天体委主任从劳动局回来，我充满希望地问他情况，他长叹一口气，摇了摇头，说领导告诉他三年之内国家都不会再招工了。我听了以后，竟然一下子控制不住情绪，大放悲声。

什么叫绝望？这就叫绝望。当时，就算有再大的雄心壮志，也无路可走。那种望不到头的平庸岁月和深刻的无力感，曾令20岁出头的我感到人生无望。

人在绝望的时候，一定要坚持继续往前走。在艰苦的岁月中，我一直没有熄灭读书的火种。这可能和我的家庭环境有关，我父亲是当地中学的校长，他非常尊重知识，也一直督促我们千万不能放弃学习。

从我六岁开始，父亲就给我讲王阳明，从王阳明的《传习录》，到《象祠记》，再到他的生平，包括悟道过程。虽然我似懂非懂，但是到七八岁的时候，我的心中已然有了文化的种子。

有一次我问父亲什么是"龙场悟道"，就见父亲的脸上一扫阴霾，突放光彩。父亲说悟道的王阳明是我们的本家，悟道的地点就在离我们家不远的修文县龙场驿，只有二十多里[1]路的距离。古代贵州属瘴疠之地，是朝廷贬官和充军发配的首选地。明正德元年（1506年），时任兵部主事的王阳明因反对宦官刘瑾，被廷杖四十，贬至龙场驿。龙场驿是奢香夫人修建的驿道的第一个驿站，王阳明在此当了"驿丞"（相当于现在高速公路服务区招待所的所长）。仕途中辍，王阳明没有自暴自弃，而是利用这难得的清闲，潜心悟道，终于创立了阳明心学。

什么是阳明心学？父亲只告诉我三个短语：格物致知、知行合一、致良知。那时我根本不明白这些短语的意思。但就在那时，父亲在我心里播下了爱好哲学的种子，使我后来对中国传统哲学情有独钟。等到过了而立之年智慧趋于成熟的时候，我才进一步理解了这三句话的真正内涵，同时也理解了为什么很多名人都如此推崇王阳明。

如今王阳明似乎在一夜之间又火了起来，其学说已被炒作成了一个类宗教的神物。其实，阳明心学既深奥，又简单，有四句话就够了："无善无恶心之体，有善有恶意之动，知善知恶是良知，为善去恶是格物。"<u>在主观意识没有形成的时候，人是客观存在的，无善无恶。当人的主观意识和客观世界接轨，产生欲望时，</u>

㊀ 1里 = 500米。

<u>才有善有恶。逐渐内修自省，区分善恶，这就是致良知的过程。
主观意识与客观世界不停地斗争，为善去恶，这就是格物。</u>

阳明心学之伟大在于它突破了藏在书柜里千年的宋明理学，直接走到实践中，提倡知行合一、理论与实践相结合，强调去粗取精、去伪存真、由表及里、由此及彼。

王阳明的临终遗言对我一辈子影响极深，他说："此心光明，亦复何言。"

人在这个世间就像沧海一粟。人不能选择自己出生的环境，但不管出生在盛世还是乱世，吾心光明，夫复何求？把自己做好就够了。

王阳明可以说生活在大明的至暗时刻，权宦把持朝政，贪腐横行，积重难返。但是在这种情况下，他敢于直言，知行合一，提笔安天下，上马定江山，虽屡遭磨难，但最终创立了阳明心学。

今天的一些年轻人，喜欢用躺平和抱怨来消解苦难，认为时代没有给他们机会，体制禁锢了他们的才华，原生家庭给他们带来了一生的阴影……当一个人把失败与蹉跎归咎于时代、体制和家庭这些无法改变的客观环境时，当然能心安理得，但这有什么意义呢？

我们"50后"这一代人,既经历过极度短缺、极度闭锁的时代,也经历过龙蛇混杂、泥沙俱下的时代,但我始终没有放弃过,最绝望的时候,也在不断摸索着可能的出路。我想对当下的年轻人说,你可能和我一样,也要经历时代的跌宕起伏,但是当时代潮水涌来的时候,你能不能纵身入海,能不能抓住可能是你一生仅有的机会,就要看你的积累和沉淀了。

"四人帮"被打倒一年后,整个中国发生了翻天覆地的变化,中央宣布恢复高考。1978年政策进一步放宽,未下乡的年轻人也有资格参加高考,我的人生也由此迎来转机。在我收到大学录取通知书的那一刻,命运仿佛烟花一般在空中绽放。我知道,铁板已经被打破,我们这一代人将走向未知的未来,命运也将因此变得五彩斑斓。

对当下的年轻人而言,时代已经变得高度自由,每个人都有自由择业的权利。发达的交通足以消弭物理空间上的闭塞,互联网的普及更是抹平了信息不对称的鸿沟,关键是你有没有足够的心胸和气魄,面对客观上的"生而不平等",不怨天尤人,不自暴自弃,最终走出一条属于自己的路。

自尊与自强

1978年,我参加了高考,第一志愿便信心满满地填上了北京大学新闻系,我的考试分数也达到了北京大学的录取线,但阴差阳错,我最终被兰州大学政治经济学系录取。时年23岁的我,一路跋山涉水,从乌蒙山系乌江水畔,负笈北上,奔向黄河上游的大西北求学。这是我平生头一回走出贵州。

前些年,和贵州老乡戴秉国交流时,他也提到了自己的求学经历。戴老出生在贵州梵净山下一户农家,小时候没穿过真正的鞋,只穿草鞋。考上大学后,因为筹集不到从贵州到成都的40元车费,而险些上不了大学。为了这40元钱,他磨破了嘴,走断了腿,到处求人,最后才在老师的赞助下,筹集到学费。然后走上几天几夜的山路,从老家铜仁走到贵阳,再坐火车到成都,开启了一段传奇的外交生涯。

应该说,坎坷崎岖的前路,是那个年代贵州人共同的苦涩记忆。相比戴老，我稍好一些，但求学依旧是一件极耗时间的事情。那段漫长的旅途，让我直至今日都记忆犹新。

回忆起来，我当时去兰州大学的路前后一共要走三程。第一程是从贵州山坳里的小县城出发，沿着千回百转的盘山路，摇摇晃晃五个小时来到省城，然后投亲靠友住上一晚。第二程是从第二天清晨开始坐一天一夜的硬座到成都，借着白天等车的机会，我可以在成都的街头巷尾走一走，看看杜甫草堂和武侯祠。第三程是第三天再坐一天火车经宝成线到宝鸡，在宝鸡火车换成蒸汽机车头再前往兰州。一路兜兜转转，摇摇晃晃，舟车劳顿，全程走完要四天四夜。

那时坐火车简直是一种煎熬，在像沙丁鱼罐头一样挤满人的车厢里，我常常坐硬座甚至无座。那些在火车上的难忘昼夜，让我至今闻见火车餐食都感到恶心。

历经波折，终于到了兰州，我本以为能看到美好的大千世界，却未曾想一下子走进了更加贫瘠的"不毛之地"。贵州虽山大沟深、交通闭塞，但好歹山清水秀、物产丰饶。出了兰州火车站，我原本想着应该是锣鼓喧天，拉着条幅，自己一下车就被戴上大红花的热闹场面，但实际上根本就不是那么回事。街边只倚着几个老汉，穿着羊皮大衣，抽着旱烟，坐在马车边，远远地喊："同学你是去兰大①的吗？上马车咧！"

20世纪70年代的兰州，偏远闭塞。我们这些新生去兰州大学连汽车都没有，只能坐马车。我的大学生活就这样开始了。

长期生活在南方湿润的环境中，让我很不适应兰州干燥的气候。入学后，就长期流鼻血，口干舌燥。一次适逢夏季骤雨，我兴奋地冲向屋外，想要呼吸一下久违的湿润空气。没想到刚出去没多久，就听见同学们冲我大喊："王志纲，你赶快回来！"我正惬意地享受着"斜风细雨"，纳闷地说："回去干吗？"他们却不由分说冲过来，一把将我拽回屋内。我这才发现，自己浑身上下黄一块白一块，已然变成了"斑马"。

同学们哄堂大笑。我这才明白，原来西北的雨是"泥雨"，空气含沙尘量过高，一降雨，雨水便会把沙尘带到地面，所以当地人遇到下雨躲还来不及，更遑论像我一样兴奋地"淋雨"了。

困扰我的另一个大问题是吃饭。当时西北多食粗粮（主要是苞米面），学校条件十分有限，想吃顿米饭简直是难上加难，导致我时常消化不良。实在没办法，我就买了五六个灶的饭票，经常提前半小时溜出教室，端着饭盆满校园找米饭。如果凑巧能买到

---

① 兰州大学的简称。

米饭，那简直是天大的好事。

与肚子瘪瘪相对应的，是精神上的极大充实。在青春作赋的年纪，我们这些年轻人在西北这片热土上读书学习，艰苦的条件反倒成了专心学习的动力。彼时的兰州大学，真的是群英荟萃、大师辈出。在"好人好马上三线"的大背景下，兰州大学承接了大量从东部地区转移来的师资和技术。我在兰州大学读书时的校长刘冰，也是从清华大学调来的。

后来在北京大学演讲时，我曾开玩笑说，相比北京，西北的确是苦寒之地，但正是这种苦寒，使我能够埋下头来，认认真真地苦读书。如果到了北京大学，我可能很快就成了一个浮夸的、时髦的青年，或许会成为诗人、作家，但一定不会有今天的事业。

从更广义的层面来看，恢复高考以后的1977级和1978级大学生，基本上囊括了当时整个中国的人才精华，大家都如饥似渴地学习，非常珍惜学习的机会。我记得在读大学的时候，自己天天都到图书馆抢座，每天早上6点钟起来就背外语，从来不想其他事情。那时候有一首歌叫《年轻的朋友来相会》，歌中唱道："再过二十年，我们来相会。"大家都对明天充满了希望。那真是一段激情燃烧、难以忘怀的青葱岁月。

生活困顿的学生时代，虽然奔波煎熬，物质匮乏，但给了我认识广阔世界的机会。每天不断接受着新事物的冲击和新认知的洗礼。西北的苍凉雄浑磨砺了我，西北的苍茫风物陶冶了我。尤其是在兰州大学这四年的系统学习和读了七遍《资本论》，深刻地影响了我的思维方式和看问题的视野，使我有可能看透复杂事物背后的关联性，将看似不相关的事物关联起来，进而打开人生格局。

在朝气蓬勃的大学校园里，我第一次遇到来自五湖四海的同学，有北京人、上海人、浙江人……那时大家都风华正茂，甚至还有15岁的少年天才。面对来自"第三世界"贵州的我，同学们有时会好奇地问："你们那边通电了吗？""你每天是骑着马上学吗？"

大城市和小县城之间巨大的反差和隔阂，造成了我那时极度敏感和自尊的心理。现在回想起来，大学时期的我，就像是一只长满了尖刺的刺猬，看上去富有攻击性，其实只是为了掩藏起柔软的肚皮。面对同学和朋友，我常常反应过度，说话尖刻，甚至睚眦必报。

俗话说君子动口不动手，我那时最犀利的反击方式，是给别人取绰号。我取绰号的水平堪称一绝，不带脏字，同时还极具嘲讽的意味。当时班上有一位女同学，性格强悍，做事泼辣，入学前曾经是造反派的头头，同学们都惧她三分。或许是因为性格太刚强，在青春最萌动的年纪，这位女同学却一直"守身如玉"，没有男朋友。有一次我和她因为一些小事发生了口角，我张嘴就是一个绰号"老 Miss"（即老小姐），或许是戳中了心中隐痛，这位女同学直接气哭了，这个绰号随即不胫而走，同学们见了她都开始叫"老 Miss"。现在回想起来，"取绰号"的背后，是凝练地对事物进行高度概括的能力，虽然当时对这种能力的使用有失偏颇，但是后来在新闻生涯中取标题，以及在战略咨询过程中"找魂"，有时的确得益于此。

不得不说，表面尖酸刻薄的背后，是憎人富贵笑人穷的小市民心态，同时还像刺猬般好斗和敏感，这一方面是我好强的天性使然，另一方面也是挥之不去的自卑心理在作祟。当遇到无法企及或者无法改变的现实的时候，我总会表现出很强的反弹；当看到别人比我优秀的时候，我总要找各种原因来为自己开脱，找各种理由证明他并不比我强，从而安慰自己。好在我恪守了一条底线，尽管内心深处如烈火灼烤，却始终不曾害人。

这样的"弱者"心态，一直持续到我事业小有所成，成了"被嫉妒者"的时候。那时，我才反躬自省，自我改造，从"撒向人间都是恨"，变成"撒向人间都是爱"。时隔多年，我更加直观地意识到了自己当初的弱点。自卑让我的内心变得敏感，更容易感受到他人的情绪，从而变得更加自卑，形成一个恶性循环，时刻处于防御状态，生怕别人会伤害自己，对外界充满了戒心。应该说，这是很多出身不怎么好的年轻人的通病，本质上是一种"弱者""受害者"的心态，虽情有可原，但一定要自我警醒，好好改造。

大学毕业之后，我和夫人成婚，婚礼可以说是一切从简。现场之简陋，今天很难想象。婚宴所备不过一箱啤酒、几个冷菜。前来参加婚礼的宾客们，一人饮一杯啤酒，吃一口冷菜，一拱手，便算是礼数尽到了。现在回想起来，却也不觉得有何遗憾，我夫人亦然。这种相契合的价值观，或许也是我们能一路携手近半个世纪的原因吧。

结婚前一天，还闹出了一个天大的笑话，到现在印象还很深刻。我那时一穷二白，根本没有自己的房子，只能到老丈人家住。结婚前一天，老丈人的司机到我宿舍拿行李。当时我正处理工作，等回到宿舍一看，真是晴天霹雳，我大学用了四年的被褥和枕头，被送到锅炉房烧掉了，唯一还算值钱的毛毯，也被司机拿去和校门口的农民换了两个白兰瓜。

这时，司机告诉我："你丈母娘发话了，你的这些'家当'都得处理掉，太脏了。"我听了很难过，那些毕竟是我的全部家产，被席卷一空不说，更增我心中一无长物的凄凉。现在想来，老丈母娘的这个决定非常明智，因为那床被褥已经用了四年，始终未曾洗过，破破烂烂不说，极有可能还生了跳蚤，这样带到新房去，岂不是天大的笑话嘛！

举目无亲、寄人篱下的窘境，如今看来，已是"都付笑谈中"，但在当时并不容易接受。结婚不到半年，我和丈母娘就发生了激烈的冲突。她说我是"油瓶倒了都不扶"，看到地板脏了也不擦一下。我却觉得她纯属无理取闹，地板明明很干净，根本没必要擦。

现在回想起来，那是再小不过的矛盾，但敏感的我却上升到了他人对我的歧视，一气之下摔门而出，搬到了办公室，在沙发上住了十来天，家人几次三番来请，我才回去。从那时开始，我便有了强烈的自主意识，男子汉在世顶天立地，不仅不能寄人篱下，更要用成就来证明，大山深处的孩子同样不弱于人。

事物总有其两面性。经过世事的磨砺，当我的胸襟逐渐打开，不再狭隘时，虽然我的高自尊型人格并没有变，但逐渐转化为我前进的动力。

因为大学上得晚，毕业后又在甘肃社科院沉潜了三年，直到30岁，我才算是正式步入职场。

1985年,我在当时新华社内蒙古分社社长张选国的再三动员和邀请之下,从甘肃社科院调到了新华社内蒙古分社。到现在,我依然很感谢这位老领导。

张选国之所以如此热情,原因很简单,我在甘肃社科院工作时,曾写过十余篇研究论文,有不少文章在《光明日报》《新华文摘》上发表。张选国看到后,大加赞赏,再加上我的经济学背景,让他生出了惜才之心,从而不远千里来邀请我。

很多人讲"贵人相助",我经常想这辈子哪些贵人帮助过我。想来想去,张选国和新华社的老社长穆青都算这样的贵人。

在新华社的10年间,我与穆老社长(我们私下都亲切地称他为穆老头儿)几乎没有私交,顶多是向他汇报过几次工作。他从未给过我什么高官显职,但始终对我的才华抱有真诚的欣赏,对我的个性持以温和的包容,给我施展才华的空间。**不在私利上苟全,只在精神上感召,这才是贵人。**

古语有云:"以利交者,利尽而交疏;以势交者,势倾而交绝;以色交者,华落而爱渝;以道交者,天荒地老。"**真正的贵人,绝对不是以利相交的,那叫利益共同体;只有发自内心地愿意扶助和提携你的,才是真正的贵人。**因此,在后来事业略有成就后,我也非常乐意提携有才华的年轻人，尽量给他们施展抱负的平台，而不奢求什么回报，这也算是对张选国和穆青这两位我非常敬重的老前辈的精神传承吧。

说完了贵人，不妨再说两句关于小人的话题。

这个世界上有贵人，就必然有小人。贵人罕见，而小人常有。优秀者总逃脱不了某些无谓的纠缠。无论"木秀于林，风必摧之"，还是"树大招风"，讲的都是这个道理。如何应对小人，也是很多年轻人的必修课。

年轻时，我在工作中也曾经遇到过嫉贤妒能的领导，其管理风格就是标准的"武大郎开店"，凡是比他高的一概不要，你能力越强，他越猜忌。在这样的工作环境下，我也曾感到过很痛苦，在无法改变大环境的时候，我很干脆地选择了离开，坚决不向他妥协求饶。

在小人手下工作，的确令人饱受折磨，我想不少人应该也有过类似的经历。但事后回想起来，客观上我还得感谢这位"武大郎"，要不是他，我可能对原单位尚有依依不舍之情。他那变本加厉的"打压"，反而断绝了我的后路，也让我在精神上彻底解脱，隐隐的愧疚之心彻底消散，最终踏入广阔的天地。

从事策划行业后，我同样遇到了很多莫名其妙的诽谤和恶语中伤。对付这些，通常人们采取的办法是解释或反击。我的策略却是"逃离射程"。在我看来，我之所以受攻击，是因为我是领跑者，总跑在他人前面，如果我回头反击，就会影响前进的时间与速度，攻击者有可能乘势超过去。<u>一个人只要自己不打倒自己，谁也别想打倒你。</u>所以我像阿甘一样往前跑，在这一过程中，我常常和员工讲：你超过攻击者十米时他会骂你，超过他几十米时他会用石头砸你，超过他几百米时他会用枪从背后打你，但只要你跑出他的射程，他就会无奈地停止攻击，当你领先他一万米、两万米的时候，他就会转变态度，啧啧称奇，把你叫作外星人了。这就是"逃出射程"策略。如此，你会越走越轻松。

讲完了贵人和小人，再回到我的人生经历上来。30岁那年我接受张选国的邀请，准备前往新华社内蒙古分社。当时我成婚未久，一对双胞胎尚在襁褓之中，虽然夫人很支持我追求事业，但我内心深处不免忐忑。一方面，好男儿志在四方，我正值豪情万丈的年华，理应带着一腔赤诚去闯荡出一番天地，去体会"大漠孤烟直，长河落日圆"的壮美山河，去体验"欲将轻骑逐，大雪满弓刀"的广阔苍茫。另一方面，我心中有一个声音不停地自问，背井离乡，抛家弃子，到底值不值得？况且在我的生涯规划中，只想着"孔雀东南飞"，到改革开放的热土去，从未考虑过比甘肃还要苦寒的内蒙古，会不会太过于南辕北辙？

彼时我的老丈人也在新华社工作，临行前，我问了他一句话："我将来有没有机会调离内蒙古，去想去的地方？"话音未落，老丈人就说："你不要指望我能帮你。"我说："我不指望别人，但我只需要你告诉我，如果我成为新华社最优秀的记者，我有没有选择地域的自由？"老丈人沉思良久，说道："我相信没问题，每个地方都需要人才。"听了这句话，我毅然踏上了内蒙古之行。

"天苍苍，野茫茫，风吹草低见牛羊。"青年人对天高野阔的内蒙古草原，总是有一种莫名的向往与冲动。但当我挥别妻子，踏上真正的塞外时，却感觉满是灰暗：秋风枯草，风沙漫漫，一片孤城。

那时通信手段很落后，亲人朋友之间的交流多用信件。我在给夫人的信中写下了对呼和浩特的第一印象：污染很严重，每天上万根烟囱向外排放着黄烟，早晚时分，天空一片灰蒙，大有连气都喘不过来之感。这座城市发育很不完全，第三产业很不发达，不仅饭馆少，就连理发店、电影院也很少。这里人们的生活方式有点像狗熊，一入冬，家家户户就将一冬所需食物尽数窖藏足实，整个冬天就靠自己储藏的食物生活。

刚刚入社，社里的前辈便告诫我："记者这碗饭不好吃，一般情况下,学徒两年之后才能上路,苦熬八年才能掌握十八般武艺,你还要慢慢熬。"

深思熟虑后,我觉得前辈的话或许有道理,但并不适合我。其他人可以两年上路,我却不可以。且不说我对自己的能力有怎样的期许,关键是我年纪偏大,在而立之年,我才"找到"第一份工作。那时虽然没有所谓中年危机一说,但职场中沉沉浮浮的道理总归暗含了千古不变的人性,和同时入社的大学生们相比,我好不容易迎来了命运的转机,必须用尽全力抓住。所以我给自己暗暗定下的目标是"三个月上路,一年摸清楚规律,明年就要掌握十八般武艺,大刀阔斧地干出点儿名堂来"。

事实证明,皇天不负有心人。我在新华社内蒙古分社工作了半年多一点的时间,就迅速脱颖而出,人生也由此踏入了新的阶段,我也兑现了自己暗自许下的诺言——用知识和汗水,把握命运的风帆。

作为一个极度在乎尊严的人,我深知想要有自尊,除自强外,还需自立。我曾说过一句话:"<u>受制于人者,灵魂是跪着的。欲制于人者,灵魂是坐着的。有独立人格者,灵魂是站着的。</u>"这是我践行终生的行事准则。

我从不接受生意场上的忍气吞声,更做不到人身依附。我坚信"人不求人一般高",宁可清风两袖,也绝不摧眉折腰。

1994年,我决定离开新华社的时候,有段时间心里很痛苦。那时很多人都在议论,说了一些很难听的话,说王志纲原来那么牛就是靠新华社这块牌子,离开这块牌子他就完了。甚至有人断言以后我还会用新华社这块牌子招摇撞骗。

面对这些流言蜚语,我敏感的自尊心再次被挑动,尤其是对于那些我曾经采访和帮助过的官员、老板,我最害怕他们向我投来怜悯的目光。以前认识的老板见我下海,往往见面第一句话就是:"你怎么离开新华社这块金字招牌了?"第二句话就是:"要不要我帮忙?"这些言辞或许是出自善意的,但给我带来了无法回避的刺痛。

有一个最经典的故事。下海之初,我夫人为了支持我,也离开了原来的单位。有一天,我们一起乘车到珠海办事。彼时正值盛夏,高温近40℃,我们一家老小再加上司机,一共六个人挤在一辆破破烂烂的小夏利车里,只要一开空调,车就跑不动,若是不开空调,就热得像在蒸笼里一样。当时没有高速公路,路途颠簸,开着开着,车的引擎盖突然砰的一声反弹过来,砸在前挡风玻璃上,差点出事。后来只能关了空调,一路小心驾驶,晃晃荡荡几个小时,一车老小都是满身臭汗。

行车路过顺德时，我想起这里有一位老朋友，便找他相聚并顺便告知他一下我的去向。他见到我，先是很热情地聊天，然后又请我到他的办公大楼去坐坐。我说我要到珠海去，离开新华社了，以后就不是新华社记者了，有什么事再联系，只是来打个招呼。

几番寒暄后，我便起身离开。接着，最尴尬的时候来了。我从他办公室出来的时候，他非要送我到大门口，我说千万别送。当时心里想的是，这辆唯一的夏利车实在"上不了台面"，我也实在不想让这位朋友看到我的"落魄"样，于是好说歹说找了个理由搪塞了过去，像仓皇逃窜般坐上了夏利车，让司机赶快开走。

不巧的是司机不熟悉路，绕着办公大楼开了一圈。等绕出来时，正好这位朋友从大门口走出来，我是躲也没躲过，正好和他打了个照面。

我到现在还印象非常深刻，当这位老板朋友看到那辆破夏利，和车上塞得满满当当的一车老小时，他的眼睛瞪得像铜铃一样，嘴巴也张得老大，一幅极其吃惊的表情。

当时，在人们心目中下海都是为了捞钱，选择下海的人，自然都是赚得盆满钵满，开的车都是奔驰宝马。这位老板怎么也没想到王志纲下海却是这么"落魄"，坐在一辆破夏利车里，车里还挤了足足六个人。

他当时的眼神，到现在已经过去 40 年了，我还记忆犹新。那一幕，已经成为我人生回忆中的经典镜头。从那之后，我更加清楚地意识到，在江湖上行走，谁的荫庇都不管用。靠墙墙倒，靠娘娘老，除了自强之外，别无他路。

当然，人在江湖，身不由己，很多人有难言之隐，不得已委曲求全，又或被名缰利锁所缚，无法自拔，这都很正常。独立的人格和强烈的尊严感，是需要实力来支撑的。一个没有实力的人，因为生活的重压，也会为五斗米折腰；一个实力较差的人，为了一单生意，也会做一些违背自己心愿的事，无法坚持原则。但黑与白、对与错、大是与大非之间的分寸，一定要把握好。于我而言，不依附于权贵的独立意志，行走于朗朗乾坤下的浩然正气，是我一生的立身之本。

我接触过的不少老板，都曾谈起他们的辛酸，他们虽然赚了不少钱，但半辈子都是跪着做人。一些体制中人，也同样深感人身依附的痛苦，说你行，你就行，不行也行；说不行就不行，行也不行——不服不行。

这么多年来，我见过太多深陷泥沼的人，曾经打过交道的一些官员也好，商人也罢，最后不幸陨落，不是因为能力不行，而是因为心存侥幸，败在了贪婪上，为了牟取暴利，选择了"依附"，交了投名状，上了"贼船"，最终难免因靠山倒台而被拖下水。他们的做法看起来是在走捷径，其实是在跳入无底的深渊。**唯有自信和自强，方能支撑起"站着的灵魂"。**

官如此，商如此，知识分子更是如此。中国古代知识分子最大的悲哀，就是长期处于依附阶层，"皮之不存毛将焉附"的窘境，是绝大多数古代知识分子的宿命。放浪形骸如李白，所谓"天子呼来不上船，自称臣是酒中仙"，无非是牢骚之语，皇帝真要用他了，马上精神振奋。李白一生中少有的写得令人销魂的艳丽之词《清平调》三首，更是狂傲不驯的大诗人对多情皇帝委曲侍应的"典范"。

"千秋万岁名，寂寞身后事。"一代诗仙尚且落得如此下场，又何况那些寻常文人呢？李白颠沛流离的命运和光耀千古的文章相互映衬，成为后人眼中的风景，成为电影的题材，但于其自身而言，却是人生的悲剧。

从屈原到陶渊明，再到李白、杜甫，再到苏轼、辛弃疾，乃至落第秀才黄巢、洪秀全，历史上的一代代中国文人为什么会反复重演这种人生悲剧？因为他们从未获得过独立生存的空间与自由,他们只是依附于专制体制之上的"毛",他们无法摆脱自己的宿命,而这一宿命又决定了在漫长的封建时代中国知识分子的依附性、软弱性及其他种种局限性。

如今,一个全新时代的到来,为中国知识分子摆脱历史的宿命提供了一个良机,我们还有什么理由再去犹豫、抱怨、蹉跎呢?有什么理由不满怀热情地投入其中,去体验、去创造、去推动呢?

苦难与幸福

海明威在《永别了，武器》中说："生活总是让我们遍体鳞伤，但到后来，那受伤的地方，一定会变成我们最强壮的地方。"

人们常说"艰难困苦，玉汝于成"，我认为这话要辩证地看。即使到了文明高度发达的现代社会，全球依然至少有一半人活在艰难困苦当中，其中"玉汝于成"的没有几个，很多人还在苦难中痛苦挣扎，乃至于悲惨死去。历史无数次证明，苦难之于懦弱者就是人间地狱，只有对于有为者，苦难才是一笔巨大的财富。歌颂苦难是一件不道德的事情，在苦难中挺立的强者，才是应该歌颂的对象。

面对苦难的生活，有的人会在黑暗中寻找光明，有的人则会麻痹自己，甘当时代洪流中随波逐流的庸人。唯有前者，方能成就一番事业。艰辛的生活、强大的压力、卑贱的地位、走投无路的绝望岁月，不仅没有磨灭他们积极向上的斗志，反而让他们越发坚韧，越发生猛，越发奏响生命豪迈的乐章。庆幸的是，无论什么样的苦难，我始终不曾被压倒。

30岁那年，我来到了时代风云激荡的大舞台——广东。

我的广东情结可谓由来已久。大学四年毕业后，我被分配到了甘肃社科院，在荒凉的大西北埋头做学问，但时刻不停地关注着广东的消息。作为改革开放的前沿阵地，暴风眼中的广东，一直备受争议，也备受我们这样试图改变命运的年轻人的关注。

恰好当时深圳要创办深圳大学，兰州大学的一位老师被调到深圳成为筹备组成员之一，我和几个朋友成天没事就聚在那位老师家里，听他夫人把他从深圳寄回来的信念给我们听。"深圳"，这个城市的名字仿佛透着一股咸腥味的海风吹过来一样，让人心驰神往。

终于有一天，调到深圳大学那位老师的夫人去探亲。我们这些年轻人，比谁都牵肠挂肚，等啊等啊，盼着她回来。她回来时，我们十几个人全部到站台上去迎接她，把她送回家里已经夜里十二点了，所有人还都不愿意走，等着她讲深圳的故事。

我现在印象还非常深刻，她跟我们说，深圳但凡有点身份的人在正式场合都要穿西装。我说大热天怎么穿西装呢？她说那里有空调啊，空调一吹比夜风还凉爽。这时，我才知道有空调这种东西。她还神神秘秘地说，广东人吃蛇啊！我们听了都很惊讶，蛇怎么吃啊？她说有两种吃法："显性的"就是把它切成段放到火锅里煮了吃，"隐性的"就是扯成丝熬粥吃。所有人听完以后都毛骨悚然。她又接着说，深圳那里的稀饭不是稀饭，稀饭里可以放鱼、放肉、放咸蛋，当时我们听起来就像李白诗里说的"海客谈瀛洲"一样，仿佛天方夜谭。凡此种种，她讲得津津有味，我们听得不厌其烦。

当我和一位朋友从老师家出来时，已是夜深人静。此时的夜，有着"月上柳梢头，人约黄昏后"般的意境。整个兰州的街道都开满了槐树花，我们两人仿佛不会累一般，在兰州大学校门前的街道上不停辗转。他说："志纲啊，如果有一天我们能够像今天这样，在月光如水的夜晚，走在改革开放窗口深圳的大街上，那我们便是这世界上最幸福的人呐！"

命运总是充满巧合，我的广东情缘竟然成了现实。我在甘肃社科院工作三年后被调到了新华社内蒙古分社，成了一名记者。当时新华社总社要抽调各地精兵强将组成小分队，到全国去采访，我代表内蒙古分社参加。分配给我的命题是"改革开放促进了精神文明建设"，想要完成这个命题，不可避免地要到改革开放的前沿阵地广东实地考察。那是我平生第一次坐飞机，第一次到岭南，第一次进行全国性的大跨度采访。最终写成的稿件《广州人经受了三次冲击波》首先在内参发表，随后在《人民日报》头版头条加评论全文发表，当时在全国上下掀起轩然大波。这篇文章也改变了我个人的命运。不久之后，我这个初出茅庐的小记者，便被新华社总社以强化改革开放前沿报道的名义，调到了广东分社。

当时的云山珠水，无疑是最令人向往的热土，无数财富神话在这里上演，无数青年带着梦想来到这里。与之形成强烈对比的是，我们这批在改革开放第一线的新闻工作者，却是常年"衣无领、裤无裆、光着屁股走四方"。偏偏老家的朋友总是误以为我们很有钱，每当他们来广东旅游，请客吃饭就成了我的一大难题。平时出门采访，更是不敢打车，出租车计程表的每一次跳动，都让我心惊胆战。囊中羞涩，竟至如斯。

从31岁到40岁，在堪称人生精华的10年中，我基本是"上无片瓦遮身，下无立锥之地"，无房无车，亦无太多存款。对现在的年轻人来说，这恐怕是难以接受的。但回想当时，虽然身无长物，我仍感到充实。

还记得刚到广东的时候，我被安排住在了分社堆破烂杂物的阁楼间。我想，只有看过那个房间的人，才知道什么是真正的"家徒四壁"。它是用马粪纸隔出来的，狭窄闭塞，旁边两间住的分别是司机和伙夫。马粪纸隔音极差，夜深时，我常能听到隔壁传来不该听到的种种声音，令人辗转反侧，难以入睡。

房间只西北角有一个换气的窗户。除了一套桌椅、一张床，房间里什么都没有。冬天北风吹，夏天烤乳猪。想来应该比现在很多年轻人的住宿条件要差不少，要知道，我当时已结婚生子，年过三旬了。

就在这个小隔间里，我度过了三年时光。一年365天，我有300天都是坐在这里。一支秃笔，几页稿纸，一个30多岁的年轻人端坐在桌子旁，一个格子、一个格子地爬。汗水从头上、脸上一直流淌到稿纸上。有时候一篇稿子写完，全身湿透，稿纸也湿了，要再誊一遍，才能上交。广东俗称的三件宝"拖鞋、凉席、冲凉桶"，完全抵挡不住夏日的炎热。商场里虽然已经有了鸿运牌电风扇，但要80元"巨款"，囊中羞涩的我，只有等到打折了才买上一台。

《放眼向洋看世界》《珠江三角洲启示录》《百万移民下珠江》……这些后来轰动一时的重磅稿件，都是这么"爬"出来的。还记得隔壁楼住的是一位老记者，他的小孙子每天晚上看到我的房间亮着灯，都会和爷爷说："王叔叔又在爬格子了。"长期伏案工作，我还因脑供血不足晕厥过。而花好几个月写这样一篇大稿，稿费不过几十元，多也不过三四百元，在物价飞涨的珠三角，完全不算什么钱。

一件趣事，足以说明我当时的窘境。

有一次我作为新华社记者，受邀去中国第一家五星级酒店——白天鹅宾馆参加会议，40℃的桑拿天，我舍不得打车（因为社里不报销打车费），只好把天然避暑做到极致，穿着短袖短裤，脚蹬一双凉鞋，骑了一个小时的自行车，终于到了白天鹅宾馆。

那时，我已经是大汗淋漓，却又遇到一件难事。原来宾馆周边没有停自行车的地方，我只好四下寻找，终于在角落里找到一棵大树，在它旁边用U形锁把自行车锁好。一身短打扮、大汗淋漓的我准备入会场时，被门童拦了下来，他指了指旁边的示意牌——"衣冠不整恕不接待"，我拿出了邀请函，好说歹说，他才半信半疑地放行。

等到了会场内，又是一番世界，18℃的冷气冻得我直哆嗦。其他参会嘉宾，竟然个个着西装打领带，一身清清爽爽。后来我才知道，他们是坐汽车来的，车里有空调，到会场外下车，进会场还有空调，自然晒不到也热不到。

会议冷餐会的间隙,我正端着餐盘取菜,突然遇到一位领导,一定要为我热心地引荐一位香港客商。我孤身一人前来,生怕记者包被人顺走,无奈之下,只能一手端盘,一手持酒杯,双腿间夹着采访包,像鸭子一样摇摇晃晃地走近那位客商,攀谈起来。在这满是衣香鬓影、觥筹交错的场合,堂堂新华社记者竟窘迫至此,真是编都编不出来的滑稽剧。

虽然清贫,但我心忧天下的壮志丝毫未改,我也从来没有恐慌过,仍然保持着积极的乐观主义精神,因为我的事业给我带来了巨大的快乐和无尽的动力。命运把我放在了新闻的金矿前,中国社会发展日新月异,让我能不断接受新鲜事物带来的认知冲击。对初出茅庐的我来说,物质条件是最无足轻重的东西。

当然,并非我不食人间烟火。只是因为支撑我的,是无比的自信。我坚信我肯定能成为最好的记者。即使暂时"满面尘灰烟火色",依旧不改我"曾许人间第一流"的志气和抱负。**打铁还需自身硬,你必须具备实力,当遇到生活的窘境和苦难的磋磨时,才有可能潇洒面对。**

前段时间,我看到一则新闻,几个年轻人相约跳崖自杀。看到这则新闻,我第一感觉不是震撼也不是吃惊,而是惋惜和同情。**物质和精神,往往存在二律背反。**在物质条件匮乏的过去,生命反而更加刚健,"好死不如赖活着"是我们那一代人的精神信条;在物质条件相对丰富的当下,现代年轻人则面临着精神层面的痛苦。

在当下多元的社会,人们的眼界开始逐步打开,人与人之间产生了一种原始的攀比。面对灯红酒绿、纸醉金迷的物质社会,有的人"心比天高"却"命比纸薄",一直都活在"够不着"的痛苦之中,甚至对生活和生命感到绝望。社交媒体的过度发达,反而成为他们痛苦的导火索。

设身处地想一下,也很容易理解。你在流水线上日复一日进行着机械式高强度劳动时,却时刻能在社交媒体上看到同龄人滑雪、潜水、跳伞的精彩生活,两相对比,天渊之别,如何不让人绝望?

如果说我们那时候面对的是因匮乏而无法选择的痛苦,今天的年轻人遭遇的则是物质水平达到一定程度后的迷茫。一个人的迷茫是一个人的痛苦,而一个群体乃至一代人的迷茫,则是一个严肃的社会命题。面对这一现状,经济学家、社会学家、心理学家、文学家,各有各的解释。在我看来,这种撕裂,是与高速增长伴生的"时代病"。

和欧洲、美国乃至日本相比,中国的经济发展速度堪称奇迹。

但与此同时，精神层面的需求也大幅增长。

研究西方历史，我们会发现，生产力的提高往往伴随着文化、思想、艺术、宗教乃至社会风尚的大洗牌，如文艺复兴、宗教改革、哲学兴起、对理性人的呼唤、对现代性的反思等，而社会学、心理学等众多新兴学科也随之诞生。

在那个思想解放的大时代里，多元思想互相碰撞、激荡——霍布斯在《利维坦》中根据"一切人对一切人的战争"，推论出专制主权者存在的绝对必要性；斯宾塞在《社会静力学》中则提出绝对的自由主义，每个人都有做一切他愿做的事的自由，只要他不侵犯别人的同等自由；马克斯·韦伯的《新教伦理与资本主义精神》站在新教伦理文化的角度，将财富创造动机和企业家的追求结合起来；托斯丹·凡勃伦的《有闲阶级论》则站在了相反的立场，对当时美国放纵无度与极度奢华的境况进行了深刻的批判……这些思想看似针锋相对，却共同构成了西方文明的精神基座，在某种程度上整合了全社会的利益诉求，最终形成一定程度的稳态。

如今中国用了40多年的时间，走完了西方世界数百年的发展历程，在称赞这一奇迹的同时，我们也的确面临着极为复杂的局面：一边以前所未有的速度快速发展，一边又面临经济、政治、社会等诸多领域的深刻转型；一边是某些既得利益者的痛苦和恐慌，一边是一些普通阶层的内卷和躺平。在这样的背景下，一些人感到精神无处安放，是极为正常的事情。

面对物质和精神的日渐背离，有的人说要效仿西方的做法，"照葫芦画瓢"；有的人则认为，西方理论不适合中国的实际情况，中国需要往回看，在传统文化中寻找答案。不同的人站在不同的角度上，都有各自的道理。当这些观点之间存在矛盾和冲突的时候，又要依据什么样的逻辑做出判断？这个时代之问，恐怕要留给时间去解答。

如果让我来回答这个世纪难题，我认为，关键还是要向内求，想清楚"什么是幸福"。

幸福观和生命观，是很深刻的哲学问题。纵观历史，中国从来没有过如此富裕的时代，泉涌的财富也从来没有如此大面积地惠及各方，这离不开时代大背景，离不开政府的努力，更离不开中国人汹涌的创富欲望。

当前的社会依然存在一些不公，但最起码大多数人已经过上了体面的生活或者小康生活。被饥饿的鞭子抽打的痛苦，是我们那个时代的常态，但如今已经极少有年轻人曾体会过了。因此，对于有些人的痛苦和绝望，要辩证地看，这起码说明他们不麻木。**人在吃饱穿暖前只有一个问题，而在吃饱穿暖后会有无数的问题。这种建立在吃饱穿暖基础之上的思考，是对动物性的超越。**

我始终认为，对痛苦和幸福的思考，如果只聚焦在财富上，把"向钱看"当成基本的社会准则，而将其他人生追求都简化成财富的依附品，是非常片面的。那些充斥着"速成""一夜暴富"等信息的媒体，其价值导向是极其错误的。

我所见过的巨富们，包括他们的孩子，极少有人感到幸福。有的人钱赚得越多越痛苦，每天半夜醒来都在想如何超越别人，如何赚得更多，结果最后全军覆没。有的人积累了财富，却心惊胆战，家庭的骨肉亲情也被一场场充满功利色彩的交易销蚀。**财富本应是幸福的组成部分，如今对于他们，却反过来了，财富变成了苦难和诅咒，造成了幸福的毁灭。**

那么，到底该践行什么样的生命观和幸福观呢？这当然是一个众说纷纭的话题。我常说，生命是一种体验，幸福是一种感觉。**人生有限，世界无垠，以有限对抗无垠的唯一办法，就是不重复。**如果不能延展生命的长度，那么就去拓展生命的宽度。

这里所说的不重复，不是说让你经常换工作。即使做同一份工作，每一天的太阳都是新的，你眼前始终有爬不完的高山，有涉不完的大河，如果你每一天都在不断创新，那么你永远在不停成长。永远带着这种好奇，才能以有限的生命体验无限的生活。

你可以做一下自我分析：你是不是在做自己感兴趣的事情，是不是在做自己有感觉的事情？有没有持之以恒、坚定不移地做好它们？

当你对某件事情感兴趣，并且做起来有感觉的时候，你要赶快竭尽全力地去做，充分地燃烧自己，去完成它。如果感到原有的活法已经不能充分释放自我，对它没有兴趣了，就应果断地转移阵地。经历的不断叠加，自身的不断超越，将极大地丰富你的人生。

千万不要东施效颦，每个人都不一样。每个人所处的时空看起来是一样的，但所做的选择是不一样的。服从内心，充分地释放自己，活出自我，就足够了。

或许对个体而言，最真实的生活，终究是无法避免的平凡。但中国人千百年来最生生不息、最磅礴的生命力量，不是愤怒地嘶吼，更不是无病呻吟，而是一种接纳，接纳生命赋予我们的责任，接纳现实给予我们的苦乐悲欢。这又何尝不是一种幸福呢？

小账与大账

生命是一本账,关键看你怎么算。高手和庸人的区别,往往就体现在算账方式的不同上面。

困扰当下很多年轻人的一个重大问题,应当是房子。我年轻时也不例外,曾因这件"人生大事"而苦恼。

中国人对于房子,有一种天然的情节。居者有其屋,多少年,多少人在为这个梦想而努力。千百年来,房子始终倾注着人们的无限希冀与憧憬。分房,无论什么时候都是一件大事。

我在单位的阁楼间住了整整三年,虽无怨言,但也着实不便,毕竟已经是结婚生子的人了。后来分社在阁楼顶上又加盖了一层楼,分出一间办公室暂时作为我的宿舍,我才有条件把妻子接过来。但居住环境仍然十分简陋,又苦熬数年,终于守得云开见月明,分社决定分房了!

当时分房实行的是"打分制",根据分数的高低决定能否分到房子，以及分到的房子的优劣，打分的依据一是工龄，二是贡献。不夸张地说，在分社的记者中，如果按照正规程序来打分，我毫无疑问排在前列。

道理虽如此，但毕竟兹事体大，风乍起，吹皱一池春水。几乎所有人都闻风而动，各显神通，出现了一幕幕有趣的故事。

有位同僚最为典型。他把原有的打分细则研究一遍后，发现按照这个标准，自己很难分到好房子，于是便开始苦心运作。先是征询分社年轻同事的意见，广为联络，摆出一副为年轻记者争取利益的姿态，在众多年轻人的拥护下，他成功入选了分房委员会，然后又多加运作，被安排到了委员会内专门负责设计分房方案的职务上，开始为自己量身定制一套"分房方案"。

就在分房一事在单位内暗流涌动之时，我却岿然不动，甚至还长期驻扎在外地做采访。不少朋友打电话催我回来研究分房的事情，甚至说："你如果不回来，会后悔一辈子。"

我听完朋友的劝解，不以为然。一来我认为不过是一间房子而已，怎么会是"一辈子"的事情呢？二来我正在进行一项极为重要的采访活动，沉浸在"铁肩担道义，妙手著文章"的职业使命感中，对这些蝇营狗苟的事情根本没当回事。后来也果然吃了亏。

说来滑稽。那些年,我的优秀稿件独占我们分社的大头,打分本该是板上钉钉的第一名。没曾想这位设计方案的同僚,却在方案里埋了钉子——独生子女加1分。

这个条款真是难为我了,因为我夫人生的是双胞胎,我根本不可能拿到"独生子女"加分。而其他评分项都是0.1分、0.2分之类的,导致我一下子从第一名滑了下来,分到了位置最差的房子。而处心积虑的他,终于"如愿以偿"分到了好房子。面对这种情况,换个人或许会哭天抢地,甚至闹到总社去,但我听了只是哂然一笑,就像是看巴尔扎克的《人间喜剧》般,只觉在这座熔炉里,想要独善其身,何其难也。

没想到的是,后来"造化弄人"。分房一事结束后,分社需要外派一名记者援助边疆,这是货真价实的苦差事。这位同僚因为足够"优秀",而且有分房时的数据可查,被大家众口一词推荐外派,虽然万般不想去,最后也只能服从组织安排。苦心经营的房子没住上多久,就去了苦寒的边疆吃了三年风沙,只能说是"因果循环"了。

相处多年,我深知这位同僚并非坏人,只是格局有缺。这样的人在生活和工作中可以说比比皆是,分不清长期利益和短期利益,在小问题和小利益上打转,反而丧失了未来更大的发展空间。

30年后,我与这位同僚再度见面,把酒言欢。我满是感慨地对他说:"有些人看起来像好人,其实是坏人。例如我们俩曾经共同的某位同事,长得高高大大,谦恭有礼,每天提前到单位洒扫,坐椅子只坐半个屁股,是同事中有口皆碑的谦谦君子。他走上仕途的第一步,还是我好心推荐的,哪知发迹后,此君做出来的诸多恶事,令人不禁愕然。而有些人看起来像坏人,其实是好人,比如老兄你,虽有这样那样的缺点,但骨子里的确是个好人。奈何认清一个人需要太长时间。'周公恐惧流言日,王莽谦恭未篡时。向使当初身便死,一生真伪复谁知。'连伟人都会看走眼,何况凡夫俗子如我等啊。"

《庄子·秋水》中有这样一个小故事。惠施做了魏国的宰相,庄子要去看他,有人便对惠施说:"庄子这次来是想夺你的宰相之位。"惠施听了很害怕,于是就在国内搜寻庄子,长达三个昼夜。庄子闻讯后,主动去见惠施说:"你知道南方有一种叫凤凰的鸟吗?它从南海飞往北海,非梧桐不栖,非竹实不食,非甘泉不饮。一只猫头鹰拾到了一只腐朽的死老鼠,刚好凤凰从上空飞过,猫头鹰便仰起头来大声呵斥凤凰,说'不准抢我的死老鼠'。殊不知,凤凰只是路过而已。"

我在本书的序中就曾讲过,所谓格局,就是"小道理服从大道理"。换句话说,就是要算大账,不算小账。猫头鹰有猫头鹰的账,凤凰有凤凰的账。<u>人生就是一本账,不同的算账方式,决定了不同的人生格局。</u>在很多人的理解中,有格局的人是那种不愿意算计的人,"精于算计"只用来形容那些小气、没有格局的人。事实上,有格局的人恰恰是善于算、精于算的人。只不过他们算的是大账、长账。盲目铺张和不加节制挥霍的人,只能叫作败家子,和格局更是无半点关系。

回想起年轻时的分房经历,乃至后来的种种,我庆幸一直以来我算的都是大账。做人还是要做一股"清流",虽然会吃亏,但不会吃大亏。一个人做事要"不畏浮云遮望眼",要做自己想做的事、该做的事,傻傻地做这些事,老天肯定不会亏待你。

我一直坚持奉行阿甘的哲学,大智若愚,吃亏是福,着眼于长远,练好内功,日积月累,不断地自我超越。世界上聪明的人太多了,冷不丁地冒出一个傻瓜,反而因为"物以稀为贵",最终做成事。说实话,这几十年我见过太多精明绝顶之人,谈吐、风度、仪表、脑筋都堪称一流,但终其一生,大多是两手空空。

分房事毕之后,我继续一头扎进工作中,但也开始对房地产留了些心思。彼时广州的房地产逐渐市场化,我下定决心,要在两年时间内,通过"爬格子",爬出一套属于自己的房子来。

当时广州的房价大概是 800 元每平方米。在我朴素的价值观里，我王某人是鼎鼎大名的记者，如果连我努力工作都买不起一套房子，那其他人就更没有可能了。

为了实现买房子的"宏愿"，在那两三年时间里，我和现在的很多年轻人一样，埋头苦干，不仅用笔名写了两本书，也写了很多专栏文章，终于攒了 8 万元钱。等我拿着这辛辛苦苦攒的 8 万元钱准备买房的时候，抬头一看，800 元每平方米的房子，已经变成了 4000 元每平方米，房价整整是当初的 5 倍，那些区位好点的房子，甚至已经涨到了 8000 元左右每平方米。辛辛苦苦爬格子攒的钱，勉强够买个厕所。

那时我的孩子们已经快到要读小学的年龄了，我和夫人可以忍受"蜗居"，但是我怎么忍心让我的孩子也过这样的生活呢？人穷志短、马瘦毛长的尴尬，我算是切身体会到了，靠码字为生理想的幻灭，也深深刺激了我。

出于为人父母的责任，也出于一个知识分子"为天地立心，为生民立命"的自信，我决心一定要用知识改变自己的命运。

甫一下海，我面临最大的困难还是房子。在"武大郎"领导的授意下，分社只给我半年的时间，要求搬家。很多离开新华社的人，都习惯赖着不交房子。我这个人说话算话，更不想被人小看，我必须为我的尊严而战，在半年内为自己挣一套房子，而且这套房子必须比新华社那套宿舍还好。这就是下海之初我的一个很简单的目标。

这时，有一位广告公司的老板辗转找到我，邀请我出场做一个项目，老板说："王老师你开个价，出场费是多少？"

当时策划行当没有规矩，不知道怎么定价，而我在南方也颇有几分名气，故而对方干脆把开价权给了我。这是我第一次面对面地谈价格。

我说："那让我具体做什么呢？"

老板说："就是把把脉，策划一下，我们来做广告。"

我反过来问他："文艺圈的明星当中现在谁最当红？"

老板说："×××。"

我说："×××的出场费是多少？"

老板说："总有八九万元吧。"

我说："她是五位数，那我肯定得六位数。我作为知识分子，如果出场费连明星的出场费都不如，那简直太丢人了。"

然后我又问："现在市面上一套房子值多少钱？"

他说："90平方米的可能要三四十万元吧。"

我说："行了，就38万元。"

老板马上就回去向对方汇报，对方满口答应，并迅速把38万元打到了我的账户上。我也由此兑现了诺言，从新华社宿舍搬了出来，住上了自己的房子。

故事听起来充满戏剧性，但其背后是我一以贯之的逻辑。我自认为自己作为知识分子的代表，试水市场经济，如果我的价格比明星还低，岂不是丢尽了读书人的脸。在我张口喊出38万元的定价之后，广东知识分子下海也算是有了基础的价格参考体系。

这件事给了刚刚下海的我一个很大的启发：市场经济，实力为王，想要成为规则的制定者和阐释者，你的市场必须是卖方市场才行。马斯克最近发的一条推文，也让我心有戚戚焉："要消除仇恨，你必须首先变得比仇恨者更强大，然后选择原谅。"他的话很简洁，却蕴含着深刻的道理。只有你远远地超过了对手，强大到让对手绝望的时候，你再主动地伸出手向对手表示和好，真正的和平才会到来。只有足够强大的人，才有选择和平的权利。

从古至今，中国传统文化几千年来都传承着一个基调，无论儒道释，在金钱这件事上大抵口径相同，无非"荣华富贵不过大梦一场，安贫乐道才是义之所在"云云。但是人的欲望终究难以阻遏。"三年清知府，十万雪花银。""天下熙熙，皆为利来；天下攘攘，皆为利往。"这些古语描述了中国人的另一面。随着国门打开，市场渐兴，财富大潮的裹挟更让许多知识分子无所适从。

在这方面，我一直认为，中国的知识分子想要有独立的尊严与人格，往往需要先有厚实、独立的经济基础。我要践行的，就是凭自己的实力去创造这个经济基础，但始终不丢弃文化人的品位和操守。这是我心中的"大账"。

在这里，我还想多说一句，找到对的人生伴侣很重要。年轻人在单身时倒还好说，一旦成家，算账就是两个人的事，如果他（她）和你的算账标准不同，将会有无休无止的麻烦事。

我很庆幸我的夫人同样是一个算大账的人，虽然出生家庭优越，但她对物质条件看得极淡，反而更关注对精神丰盈的追求，我那时一来挣不到钱，二来不顾家，40岁了还像个小年轻记者一样全国疯跑，她却从不埋怨。甚至我偶尔工作倦怠，在家休息时，她还会催我打起精神来，继续追求事业。

我下海之后，她辞掉了原来高校里的教职，一心一意协助我创业。当事业有了一定基础时,她又默默退居幕后,每天打扫打扫办公室,以至于智纲智库的年轻人都说:"哪里雇的扫地阿姨,这么勤快。"当然,我夫人对于智纲智库的贡献绝不只是扫地。在公司草创、没有任何规章制度时,是她"一针一线"地建立了规矩;在我尽情放飞思想时,是她默默地做了大量整理存档的工作。她是我事业的最后一道防火墙。时至今日,我能稍微做出一些成就来,离不开我夫人的支持。她是真正算大账的高手。

事业与职业

1994年,我离开工作长达10年的新华社,正式下海了。

对我们那一代人而言,下海是一个影响终身的选择。那是一个传统价值体系受到巨大冲击的年代,蒙受了时代感召的人们心底的那团压抑多时的火开始被点燃,身处五湖四海的他们几乎同时奋不顾身地奔向同一个目标:下海。怀揣大浪淘沙的信念,义无反顾地一头扎进市场经济这个风云莫测的海洋之中。

几十年间,有人鸡飞蛋打、血本无归,有人狼狈地逃回岸上,当然也有极少数人傲立潮头,名利双收,成为时代聚光灯下的明星,但更多的普通人,则是在满身泥泞中摸爬滚打,虽然艰辛,也算是找到了属于自己的贝壳。那段激情燃烧的岁月,让"下海"这个词也沾染了某种难以言喻的魔力,纵然穿越光阴铁幕,仍然令人记忆犹新。

时光走过三十载,仿佛又是一场轮回。下海对当下的年轻人来说，已经成了陌生又疏离的过气词汇，只能在故纸堆中偶尔看到。"上岸"反而成了很多年轻人向往的人生选择，海洋的风险和莫测令不少人视之若畏途，相互道一句"祝你上岸"，成了年轻人之间最真挚的祝福。

据统计，对于清北[一]毕业的那些"天之骄子"，进体制已经取代出国，成为他们最青睐的选择，而学历背景普通的年轻人，也宁愿花费三年五载去考编制，完成俗话说的"上岸"。打破了几十年的铁饭碗，重新成为时代的香饽饽。

以"上岸"代替"下海"，寻求不确定世界中的所谓"确定性"，我能够理解这种想法，毕竟人性总有趋利避害的一面。但是，当越来越多的人"上岸"时，他们的安全感是有了，可是自由的精神、强悍的生命力和不竭的创造力，是否会再度成为时代的稀缺品？

当年轻人争先恐后"抢滩上岸"成为潮流，成为时尚，我们是否还有足够的创造力来支撑中国未来20年的繁荣？这个问题恐怕的确值得好好思考。因此在这一节中，我想好好地谈谈我对事业和职业的理解。

[一] 指清华大学、北京大学。

其实,在相当长一段时间内,我都没考虑过下海。盖因自年轻时起,我就认为自己是当记者的最好材料。这种自信,来自年轻时一段很偶然的经历。

1976年年初,21岁的我,在县体委当女篮教练,另一个工作就是当通讯员,时不时写一些小文章,当然都是临时工。

那年,我带着年轻的女篮姑娘们,参加了一次运动会,叫作"三省八县运动会",就是云贵川三省的八个县共同组织的运动会。这次运动会之奇怪、之荒唐,现在讲起来人们都不敢相信。

那时候有句口号是"友谊第一,比赛第二"。在那个年代,这句口号被发挥到了极致。既然"友谊第一,比赛第二",那比赛就是顺带的事情了。所以在那次运动会中,我就发现几乎所有的球队,从来不去练球,从来不去讨论战术,不去讨论怎么打败对方、赢得比赛、赛出好成绩,而是每天半夜三更就起来去抢占厕所,抢占厨房,抢占公共道路,然后抢着去扫地、拖地,去搬桌子、搬椅子。简直荒唐得不得了,还美其名曰"体育革命"。

我当时已经21岁,已经有了自己独立的眼光和观察力,当时就想如果中国这么走下去,真的会国将不国。到了1976年10月,我听到"四人帮"被打倒的消息后,第一时间就提起笔写了一篇文章,名叫《如此体育革命》。

虽然已经过去了近50年,我还清楚记得第一段是这么写的:

晨光熹微,万籁俱寂,在微弱的星光下,只看到一队队人马,从宿舍里面悄悄地走出来,难道是我们的运动员去晨练吗?不是。他们一队队地或者抢占厕所,或者抢占厨房,或者抢占广场。他们手里拿的可不是什么体育用具,而是扫把,是拖把,或者锄头和筐子。他们比什么呢?哦,他们在比劳动,但这可是非常有名的三省八县运动会啊。最后运动和比赛被远远地抛到了一边,而这个所谓体现友谊、体现觉悟的运动会,反而成为大家拓展劳动技能的赛场。

作为21岁的青年,我也没有什么想法,就是想写一些直抒胸臆的东西。文章写完以后,我把它誊写了几份,盖上县体委的公章,就寄到北京的报社去了。寄出去以后石沉大海,我也就忘掉了这件事。

有一天,女篮训练结束以后,我到县委厕所去小解,突然背后有一个人说:"小王啊,你的文章发表了。"我扭头一看,蹲着的是县教育局局长。我说什么文章啊,他说是《如此体育革命》。

我一听才想起这件事,赶忙问报纸在哪里啊,他说在他们办公室。当时我们全县就两份《中国体育报》,一份在体委,一份在教育局。我就说赶快带我去看看。这个局长跟我父亲关系不错，马上带着我到教育局拿到了那期报纸。

我把报纸打开一看，最显眼的部分，就是头版头条加框的评论员文章——《如此体育革命》。文章内容基本上没改，但是把我的名字去掉了，换成了"本报评论员"。我问局长："你怎么知道是我写的呢？"他说："县城就这么巴掌大的地方，一共没几个秀才，你写的文章我怎么会不知道，恭喜你啊！"

我拿着报纸，高兴坏了，拿回家去给我父亲看，给朋友们看。这件事给了我极大的启发，也给了我极大的自信——我肯定能成为一个优秀的记者。后来的人生经历，也充分证明了这一点。（所以，如果你如今已为人父母，千万不要扼杀孩子的天性和创造力，一定要仔细观察，发现他的天赋。）

回到职业选择上来，我从始至终都没觉得记者仅仅是一个混饭吃的职业，相反，我把它当作我毕生追求的崇高事业。

我曾经一心要成为中国的"李普曼"，做社会最后的守夜人，用自己独立的观察和思想来影响并推动历史，并为之奋斗了整整10年。我很感谢那精彩纷呈、青春作赋的10年，这段"八千里路云和月"的光辉岁月，是我一生的精神给养。

后来，由于某些原因，我想辞职。那时的我，已经是年届40岁的资深记者，总社领导很欣赏我，隔三差五找我谈话，希望我进入后备干部梯队。不过，我从大学毕业那一天起，就坚定了自己的人生目标，既不做官，也不经商，只凭借知识立身名世。为此，我诚恳地和总社领导讲，如果重视我的话，就让我当机动记者，我可以选择任何选题，但千万不要把我往仕途上引，我不是当官的那块料。

但现实情况是，如果不转入干部梯队，我的前途将一片黯淡，毕竟我已经没法再和年轻人一起跑新闻了。因此，我决定离开新闻界。当然最终下定决心，也和"武大郎"领导的苦苦相逼有关。我经常打一个比喻，那时的我就像一个孩子从一米二长到了一米八，却还穿着幼儿园的裤子。人已经成熟了，裤子也绷开了，幼儿园的阿姨不仅不夸我长得快、长得壮，还骂我费布。此情此景之下，我只能下海去找"裤子"了。

在新华社的最后几年，我为了探索出一条新路，连续拍了几部纪录片，其中有一部获得了"五个一工程奖"。后来应广东省委邀请，我还拍了一部纪录片，叫《南方的河》，总结了广东在整个中国改革开放这10多年所扮演的角色。这部纪录片既讲国家，也讲改革，也讲我个人的命运。广东这10多年的改革开放就像珠江一样。珠江从云贵高原发源，经过岭南层叠的山川进入肥沃的珠江三角洲，最后汇入大海。汇入大海后，水天一色，江流消失了。大海以辽阔的胸膛，包容了这条江流，代表着一个野蛮生长、金戈铁马的传奇时代结束了。我作为这个时代的观察员，任务也基本完成了。就像最后的江流一样，我也即将汇入海洋，去寻找我新的人生。

40岁的时候，我正式离开了新闻界，尝试探索一条既不依附于官也不依附于商的第三种生存之路。摆在我面前的选择要么是广告，要么是营销，要么是公关，但这些都不是我要的，最后我为自己量身打造了一个职业，叫策划。

其实策划并非现代才出现的新概念，在中国古代，早已有之。"策划"，在古籍中又作"策画"。"策"，在古代是一种赶马用的棍子，一端有尖刺，能用来刺马身，催马奔驰，由此而生"策马""鞭策"等。"策"字的另一解为"筹"，是一种计算的工具，由此又引申出"筹策""计策""策划"等。古之"策划"，指筹谋、计划，也指一种谋略之术，我希望能够用这个词，来高度概括我的生存方式和职业选择。

彼时的中国，各路"点子大王""公关大师"正在叱咤风云。鼎盛时期，企业老板们想和他们吃顿饭，都得拿号排队并奉上重金才有机会。他们所到之处，当地重要领导亲自接机，省级报纸头版头条提前预告。但在我看来，点子只相当于一颗颗珍珠，虽有价值，但是零散。只有运用策划（相当于用一根线）把点子串起来，使它们成为一串美丽的项链，它们才能更闪闪发光。

如今30年过去了，大浪淘沙，策划业也经历了一轮又一轮大起大落，当初一同出发的同路人，有的一不小心奇迹般地崛起，又转瞬间泡沫般地消失；有的昨天还是媒体大肆追捧的精英和偶像，转眼又作为时代的悲剧性人物，成为大众指责和奚落的对象；有的在偶然中成功，却又在必然中归于沉寂。唯有智纲智库成了例外。

30年来，智纲智库就像汪洋里的一条船，当很多人以为王志纲已经成为过去式，却又在不经意间发现这条船又一次浮出水面；当江湖盛传"王志纲已经销声匿迹"的时候，人们却又在风暴眼背后再一次看到智纲智库咨询师的身影。究其背后的原因，我想可能和我始终不曾忘记自己的初心有关。

中国有一个成语，殊途同归。走上策划这条路，相对于记者舞文弄墨，似乎是一条新路，但其实都是靠思想攀登，只是表现方式不同而已。也就是说，在人生道路上，原来我是从南坡往上攀登，现在改成从北坡往上攀登，或者说原来走陆路，现在改为走水路，而终极目标始终没变。

我这么多年来孜孜以求的，始终是一个事业，而不是职业，说到底，就是一个人的"活法"。我跟大部分人不同的地方在于，我不追求大富大贵，只追求充分地燃烧和释放自我。

在那场浩大的下海潮里，与绝大多数人不同，我干脆利落地裸辞，"光着屁股高台跳水下海"。虽然没有任何后手，但我却非常自信。因为我认为，中国要走向市场经济，就必须唤起人才千百万。我自认为尚属于人才当中比较优秀的一员，如果连我下海都淹死了，那就说明这个市场是假的。假的，我也认了。

下海时我曾说过一句话：我的经济压力并不大，挣钱只是顺带的结果。老实说，这句话带有相当强的主观成分，一个40岁的中年人，房车皆无，仅有一根笔杆和几分薄名。我当时的想法很简单，生活要求不高，但有一个原则坚决不能动摇：一定要按照自己的本真、本心生存，绝不依附第三者，就是要"特立而不独行、超然而不乖张、和光而不同尘、同流而不合污"，坚持建立在独立人格上的第三种生存。

所谓第三种生存，我在下海之初就想得很清楚，这是一种既不依附于达官显贵，亦不依附于财富阶层，而与他们平等互动、平起平坐的生存方式。当然我也不是不食人间烟火，作为知识的载体，我必须赢得对方对知识的尊重，同时兑现知识的价值，从而不仅可以解决温饱，还能过一种体面的生活。

这条第三种生存的路究竟能否走通？周围的人大多持怀疑态度，但我却坚信不疑。时间见证，30年间，合作过的高官有的扶摇直上，有的锒铛入狱，老板们有的成龙上天，有的成蛇钻草，但无论风波多么严重，我们依然行得正，站得直。很多人忧心忡忡地问过我会不会被牵连之类的，我很肯定地说，我们从来没有收过任何不该收的钱，也从来没有给过任何人合同之外的"好处"，行走在阳光下，我有什么好怕的呢。

曾经也出现过这种情况。有一次我们帮一座很大的城市做策划，合作得很成功。后来有一天，我的部下告诉我，说相关负责人打电话来说有钱大家赚，他也很辛苦，给个茶水钱嘛。我听了以后非常生气，和项目负责人说你告诉他，我们对他最大的帮助，就是这个项目取得最大的成功。成功以后，他自然一路亨通，如果他盯着这点蝇头小利，后果会非常严重。我宁可立即斩仓，也绝不和这种人合作。

转眼30年过去了，中国智业潮起潮落，从一个人，到一群人，最终成就了一个时代。我这条路，终于走通了。

分享这段经历，最核心的是告诉你，要时刻保持清醒的判断，要确定你是真的想从事这份工作，还是仅仅想要这份工资。

我从不反对年轻人为生计虑，为稻粱谋。现代的年轻人，首先要解决自己基本的生存问题，这是个必要条件。扭曲自己的愿望，甚至昧着良心去做自己不想做的事，是很多人都经历过的。但这绝不应该是你毕生唯一的追求，每个人都应当成就一番事业。

这番事业，或许并不宏伟，甚至可能就是由我们生命中无数点点滴滴的小事堆积而成。但是，对有些人而言，无论小事大事、要事琐事，他全部生命最终都是一地鸡毛；对另外一些人而言，积跬步成千里，积小流成江海，最终成就了可堪告慰一生的事业。

<u>你的生命是一地鸡毛，还是成就一番事业，关键取决于自己的初心。</u>抱有职业心态的人，往往视工作为养家糊口的谋生手段，即使是其中的精英，也无非是"小算盘"打得更精，利害权衡得更明确，斤斤计较于付出最小化、回报最大化，最终成为精致的利己主义者。<u>只有极少数人，把工作当成事业，方能只问耕耘不</u>

问收获，方能有强烈的责任感和使命感，他们深知，要为自己而活，要做自己感兴趣的事，要发自内心地做自己有感觉的事。一旦找准，就坚定不移、持之以恒地做好它。成功了，是顺带的结果；不成功，无愧平生。

面对工作，或以为职业，或以为事业。二者虽只一字之差，却折射出不同的价值追求与人生格局，因而成为决定人生价值的重要分水岭。

机会与诱惑

要想修炼格局，一定要有"定力"，要经得住苦难，耐得住寂寞，抵得住诱惑。这个世界不缺"聪明的兔子"，他们闻风而动，尔虞我诈，绝不吃亏。独缺"憨实的乌龟"，他们尊重人性，恪守常识，坚韧不拔。短时后者常常是前者嘲笑的对象，假以时日，"聪明的兔子"多成"憨实的乌龟"的陪衬。

这些年来，见惯成败得失，我最深刻的感受是，对一个有能力的人来说，在这个乱云飞渡、充斥着太多机会的社会里，最大的问题不是能否捕捉到机会，而是如何拒绝诱惑。这些年我见过太多由盛转衰的例子，他们不是饿死的，而是撑死的。因为地位越高，手里握的东西越多，诱惑就越多。

很多成功者看似可望而不可即，殊不知他们也是从普通人一步步成长起来的，关键在于，这些有大成就的人，很少走"断头公路"，往往都是盯准一个方向，持之以恒地走下去，最终有所成就。

相比之下，普通人往往看不清自己的人生发展方向，面对各种各样的诱惑，这也行，那也行，干啥都行，浑浑噩噩间，今天打兔，明天猎鹰，就像在断头公路上开车，老是在原地打转，人生成了断壁残垣，最终一事无成。

小时候，父母曾给我讲过一个故事。兄弟俩发现了一个装满财宝的山洞。老大很老实，弱水三千，只取一瓢。而老二心太大，把所有能装财宝的东西都装满了，最后山洞门关了，自己被困死在里面。道理很简单，但是面对宝山，能守住本心的又有几人？

任正非曾经说过一句话："什么是战略？战略就是目标和能力的匹配。"这个道理对个体而言，同样适用。不做什么比做什么更重要。让欲望和能力相匹配，是一门大学问。

说几个发生在我身边的故事，你或许可以看得更清楚。

1988年，我和新华社另一个分社的一位同事搭档，足迹踏遍全国，采访了从省委书记到乡镇书记等各级党政干部，以及专家学者、新闻同行和普通百姓，超过200人次，获得了大量的第一手材料，完成了一篇重磅稿件《中国走势采访录》。这篇稿子在新华社内部，乃至更高层的领导间都引发了极大的反响，我和那位同事也因此被邀请向高层领导汇报。

这场汇报级别之高,在新华社历史上可谓空前。我和这位同事做了极其充分的准备,领导认真听完汇报后,突然说:"志纲同志,能不能这样?你继续挂职新华社的记者,但组织关系调到我们这里。由领导给你们出题目,你们根据要求再到地方去采写。"

在他人看来,这简直是鲤鱼跃龙门的良机,我却不假思索地拒绝了:"万万不可。"

"为什么呢?"

我说:"我之所以能写出这种东西来,是因为我的超然和超脱,受访者对我没有什么戒备。如果我真的穿上了'黄马褂',那就成了'钦差大臣',根本不可能获得第一手资料,更不可能收集到什么有价值的信息。因此万万不可。"

这位领导沉吟了一会儿,说了一句话:"这样吧,我把我的联系方式留给你,你把你的联系方式留给我,你回去想一想再回答我,好不好?"

我们出来后,那个搭档一路埋怨,愤怒得近乎失态:"这是多好的机会,你把我的前途都给毁了!"

这个老兄和我搭档了三个月,我对他的性格大体有所把握,当时就回答说:"老兄啊,你不用担心,你和我的这次汇报,马上会传出去。你要想当官,很简单,你只需要回到你的分社去,自然会有机会找上门来,只要你愿意,马上就可以一步到位。"

果不其然,他一回去,机会马上找上门来。他被时任省委主要领导看上了,火速提拔,一路顺风顺水,走上了仕途快车道。

后来,我采访途经该省时,朋友提起他,说某某某已经当了秘书长。我倒不以为意,说这是老朋友啊,叫来见见。那时对"官场规矩"了解不深的我,还以为他仍是和我一起走南闯北、光着膀子喝酒吃肉的那个小记者。

没想到千呼万唤始出来,这位老兄已经完全变了个样,扭扭捏捏,矫揉造作,想打官腔又不好意思。我非常感慨,离别时给他留了一句话,我说:"当秘书,一荣俱荣,一损俱损。如果你的领导成龙,你可以跟着上天;如果你的领导成蛇,你就得跟着钻草。没有鱼和熊掌兼得的好事。你的性格机敏有余,忠诚不足,注定了你不是忠孝两全的人,我对你的前途很担心。"

结果,没想到不幸言中。我这位曾经的同事,跟着他的领导调到了另外一个省。结果仕途不顺,陷入了重重矛盾之中,在领导最需要他的时候,他性格上的弱点充分暴露,开始脚底抹油,托词家有80岁老父等,希望调回老家。经多方努力,他终于如愿以偿调回了老家,却不知领导对他非常失望。而老家这边的对头,又把他当成了出气筒，每天变着法子为难他。结果他虽然保留了行政级别，却被安排了一个闲职，整日郁郁寡欢，借酒浇愁，没多久，得癌症英年早逝了。后来我听到这个悲剧的结局时，并不很吃惊，只是为他惋惜，因为他走了一条不适合自己的路。

后来经常有人问我，说当年这么好的一跃龙门的机会，你为什么放弃了？

我说原因很简单，因为我认得清自己。每个人都有优点和缺点，我对自己的缺点认识得非常清晰。我的个性极强，不愿循规蹈矩，更不愿依附于人，这就是我这个人一辈子做事的特点。我恪守一个原则：绝不依附。因此从大学毕业那天起，我就给自己定了一个很清晰的界限：不走仕途不经商，只用知识立身名世。

这些年，无论当记者还是办智库，我之所以能做一些有积极意义的事情，并不是因为我本事大，而是因为我骨子里面有着超然和超脱。如果没有独立第三方的立场，我的东西，说好听点儿是隔靴搔痒，说难听点儿叫马屁文章。

在这点上，我一直保持着比较清醒的头脑，所以我现在还自由自在地活着。而我那个同事，很遗憾，没有认清自己。

我的一位大学同学的故事，也很令人感慨。他当时是我们班公认的雄辩家，口才非常好，一流的辩才，浑厚的男中音，总是在辩论会上唱主角。最令我佩服的是，他能讲一口流利的普通话。要知道，他和我是老乡，而直到现在还有人说我普通话不好。由于当时他留着一脸雄性化鲜明的大胡子，我们都叫他费尔巴哈，都觉得他以后会很有前途，当个出色的教授绝对没问题。果然，大学毕业时由于他的成绩好，他很容易就留校任教了，而且凭他的口才，教书自然很受学生们的欢迎。

20世纪80年代初，就在他顺顺当当一路坦途时，改革之风吹向了全国。经常有先去广东的人向大家传递令人惊奇和兴奋的消息，很多人都蠢蠢欲动，准备南下广东。他也想往广东跑下海。我当时就很担心，劝他不要下海。他问为什么，我说他注定是岸上的动物，到了海里很可能会淹死。对海里的动物而言，行动胜于理论。岸上的动物则不同。如果在大学里，二三十年后，他至少能当系主任，搞不好还能当校长。但是下海的话，他的优势发挥不出来，劣势反而更突出了。

作为大学四年的室友，我深知他性格中的三个弱点。第一个弱点是心中只有自己，很少考虑别人。在大学里他还可以自成一体，恃才傲物，这种自负在学术上弄不好还是优点。但在社会上、江湖上，就不是那么简单了。第二个弱点是总喜欢占小便宜，不肯吃亏。在校园里他可以自命清高，但生意场上的规矩是先要替别人着想。关于这一点，他最传神的故事是，他习惯雄辩，大家也都很佩服，愿意听他狂侃，而他总是烟不离手，激情上来以后就跟别人要烟抽。当别人把烟递给他的时候，他下意识地把别人剩下的烟也一并拿过来，装到自己的口袋里。辩论完了之后，递烟的人就想，该不该把烟要回来呢？他怎么就装到自己的口袋里了呢？最后终于忍不住对他说："老兄啊，你把剩下的烟还给我行不行？"这个时候他就发挥他费尔巴哈式的辩才，以不屑的眼光看那个人一眼说："真没出息，不就是一包烟嘛。你看我都忘了，你还记得这么清楚。"递烟的人反倒被他搞得很难堪，甚至觉得自己很卑微。

你身边或许也有这样的人，说起话来滔滔不绝，真到了见真章的时候，就局促起来。这样的人到外面去混，去闯世界，做生意，如果不改变认知，一定会吃大亏。四川有句俗语："吃得亏，打得堆。"我们跟别人打交道，一定要学会换位思考，否则人家凭什么跟你合作呢？

这位同学的第三个弱点是不拘小节。每天晚上十一点熄灯以后，我们总有个卧谈会，哪个班来了一个漂亮的女孩，谁又跟谁拍拖了，这些内容是最受欢迎的。每次他讲得最多，讲到高兴的时候，常常会咳嗽一下，随后一口痰就吐到了地上。他睡上铺，这一吐有时候就吐到下铺的床上了。下铺的人当然受不了，跳起来抗议："你怎么能这样！"他怎么说呢？"真没出息，不就是一口痰嘛！"看起来这只是性格上的小问题，但对一个人日后的发展肯定会有潜在的影响。

他刚到南方的时候，谋得了一个研究室主任的位置，也还是比较适合他的。但他不甘寂寞，又调到一家进出口公司当了总经理。但具体做买卖和研究经济理论到底不一样，经营管理一家公司和自己演讲、写论文也不是一回事，不久他就退到二线当了副职，可是又觉得怀才不遇，心有不甘。最后一个偶然的机会，他彻底下了海。在从"圈养动物"变成了纯粹的"野生动物"之后，他的经济理论和雄辩再也没派上用场，他转而变成了一个需要四处求人的小生意人。角色一变，他完全找不到感觉了。这之后他还炒过股，搞过广告印刷。总之很辛苦，见到他的人都说他看起来显得老多了。

晚年的他，妻离子散，债台高筑。但即使如此，前些年我和他聊天时，他翻来覆去说的还是世道人心不古、怀才不遇这些话。至于聊到哪些同学过得比他好，他更是急了眼，一股脑翻旧账，说对方在大学时如何如何不如他，现在无非撞了大运，等等。我听罢，也只能默然。他的认知能力，似乎永远地停留在半个世纪前大学宿舍卧谈会时的水平。不久后，在孤单和愤懑中，这位同学英年早逝，只留下满满的遗憾。

从我个人来说，之所以能做点事，也是因为拒绝了诱惑。最大的成本节约，就是没有走弯路，基本上近30年来一直是在很清晰的轨道上。即便转换，也是前一步为后一步打基础，这样才走得稳，走得远。在这个过程中，曾经也有不少利益诱惑、捷径的吸引，但对我都没起作用。

我出道之初，曾遇到一个老板，其口气之大，让人叹为观止。我们第一次见面，他打开自己车库的门，里面齐刷刷地停放着十几辆奔驰、宝马之类的名车，与我同去的一位老弟当时就怔住了。老板很豪迈地对我说："王老师，为了表达我对合作的诚意，我车库里的车，你可以任挑一辆，算我送你的。"我故意问："哪一辆都可以吗？""当然，君子一言，驷马难追。"我笑着婉言拒绝了，客气地说："谢谢老板，只要我每次来时，你派车接我就可。我又不会开车，要车没有用。"与我同去的小老弟，气得直踢我，回来的路上还不住地埋怨我。我就对他说："我是一个简单的人，我只相信一个平常得三岁的小孩都知晓的道理，那就是天上不会掉馅饼。非常之举必有非常之意，否则他就不适合当老板。"后来这个老板果然出了大问题。

1997年，王志纲工作室（智纲智库前身）由广州迁往深圳。那时"点子""策划"红遍神州大地。广告公司、代理公司、公关公司、营销公司及管理咨询公司等都纷纷扛着"策划"的大旗，一时间，名门正派的人、游方和尚、江湖术士，甚至巫婆神汉，熙熙攘攘，你方唱罢我登场，热闹非凡。

有一天，深圳的几个人找到我的助手，对他说："你们知不知道，很多人想找王老师而找不到？"

"王老师满世界做项目，行踪不定，神龙见首不见尾，所以找不到。"助手说。

"他们找不到，但我们却能。你知道为什么与工作室及王老师的名气相比，你们的业务量并没有呈几何级数增长吗？"他们又问。

助手说："王老师做事认真，每个项目都要亲自操刀，时间、精力都有限，即便有再多的业务也只能做那么多。"

"错了。王老师做不过来，可以整合别的专家加盟，只要利用王老师及工作室的名声、影响力就可以了。"对方的口气坚决而肯定。

他们接着说:"不知道工作室是否知晓深圳道上的规矩?"

"什么规矩?"

"什么规矩?每个项目,中间人提成10%～20%。广告也好,代理也罢,甚至贸易,任何需要中间人的生意,都是这样。只要王志纲老师愿意给我们这些中间人回扣,哪怕只有5%,那么,全中国的生意都是你们的。"他们终于亮明了意图。

助手问:"要是我们不愿意呢?"

"在商言商。全国各地的人都来深圳找王志纲老师,我们能帮你们把这些业务全部聚拢过来,这就是市场需求。但是如果他们通过我们找到你们,但我们一分利都没有,我们为什么要帮他们找?无利不起早。如果你们不愿意给提成或回扣,那我们免不得要把业务介绍给其他'懂规矩'的策划公司了。"他们说得似乎合情合理。

助手一听,急了,赶紧跑来问我怎么办。答应吧,似乎坏了工作室的规矩;不答应吧,好像损失又挺大。

面对这种现象,我召集了工作室的全部骨干,开了一次很严肃的会议,把我的态度清晰无误地表达了出来:我王某人宁可少赚一点钱,也绝不向这种所谓规矩低头,绝不向这种有悖我下海初衷的现象妥协。别人怎么样，我管不着，但在我这里，这就是一条禁忌。

近30年来，我可以自豪地讲，我们工作室从来没有收过任何人的回扣，也从来没有给过任何人回扣。

我之所以坚决地堵住回扣之门，主要有几个原因。

首先，我是个算大账的人，这个市场可以有49%的阴暗面，但只要还有51%是阴暗淹没不了的，社会就不会乱，只要认清这个现实，我们就永远有走光明大道的可能。如果有朝一日，连起码的51%的光明面都无法保证，覆巢之下无完卵，我们的存亡也就无所谓了。

其次，我们做策划咨询，主要立足于项目及企业发展的战略层面，这种定位决定了我们的服务成果始终有点儿类似于精良的手工制品，而不可能做成流水线上生产的产品。如此一来，无论是从时间上还是从精力上来讲，我们都只能选择我们感兴趣的项目。

再次，来深圳找我们做咨询的老板，如果因为中间人的阻挠，转而去找中间人推荐的公司或机构，这说明他们和我们的缘分还不深，他们对我们的核心能力还知之甚少，这种合作机会被挡在门外，于我们而言，并非坏事。

最后，如果一个老板经过很多曲折，花了很多时间，还是要找我们谈项目、谈合作，就说明他清楚我们的价值，一旦他和我们就具体项目达成共识，大家就会心往一处想、劲往一处使，从而获得项目的最后成功。这 20 年来，我们做的那些标杆式的项目，几乎每个都是老板排除种种阻挠、花了很大气力找上门来的，这些老板见我们的第一句话总是："找你们找得好辛苦啊。"

多年以来，业界对我们与老板的关系感到非常困惑——所有的老板对我们都极其尊重，没有人对我们颐指气使。我们让老板换广告公司，老板就会换；我们推荐一家代理公司或设计公司，老板就会用。为什么？其实很简单，就在一个"信"字。

古人云："人而无信，不知其可。"又云："民无信不立，商无信不兴，国无信不强。"我始终把公信力看成自己与智纲智库的立身之本。很多人都问，老板们到底向智纲智库买什么？老板们的回答是：买信心，买方向，买公信力。我们向老板推荐规划设计、园林景观、广告代理等下游公司，从来不要任何中间费，如果哪一个员工敢这样做，不管是谁，我一定会要他走人。如果我们拿了别人的回扣，我还敢据理力争、直抒胸臆吗？还敢大刀阔斧阵前换将吗？

我始终坚信"心底无私天地宽",坚信"俯仰无愧天地,褒贬自有春秋"。我们做事向来只对项目负责,对企业负责,对老板负责。我们不是附庸,我们做我们该做的,得我们该得的,在老板面前自然能够做到不卑不亢、有礼有节。

刚开始这样做时,江湖上的许多人,包括我的同事们都非常不理解,但这么多年下来,实践证明我们是正确的。可以这么讲,凡是与我们合作过的客户都非常尊重我们,没有人对我们大呼小叫,也从没有人对我们指手画脚。无他,只因我们站得直,行得正。

我这个人天性敏感、自尊,如果我认为做某件事很伤我的尊严,那么,给我再多的钱我也不会做。中间费也好,回扣也罢,可能是现在商业社会中的一种常见现象,但在我看来,随波逐流,同流合污,会伤害我作为知识分子的尊严,我会不假思索地坚决拒绝。

很多人不解:王老师做策划辛辛苦苦收一点钱,为什么不自己当开发商?因为我自己很清醒,知道自己想要什么。

2003年,我们为西安市策划了皇城复兴发展战略,项目很成功。当地领导很真诚地提出一个要求,让我们多跨半步,把大量的土地资源都交给我们，我们负责统筹开发，大家共同做城市运营商，这样智库也可以挣更多的钱。这位领导前后提了三次，我拒绝了三次。他第一次认为我是客套，第二次猜测我是不是还有什么更大的图谋，当我第三次坚定拒绝的时候，他才知道我是认真的。

时光荏苒，20年已经过去，当时西安项目团队里的一个成员也已经成了领导。后来他每次见到我，都会回忆起这个故事，我的一句话令他至今记忆犹新："如果我接受了你的好意，中国多了一个二流房地产企业，多了一个暴发户王某人，却失去了一个探索中国式智库发展道路的知识分子和他的团队，这才是真的得不偿失。"

在这些年，很多商人得知政府对智纲智库的高度信任之后，也曾想通过我们暗度陈仓，来达成某些不可告人的商业目的。这样的钱可以说非常好赚，但我从来都严词拒绝。回过头来看，或许有些人一时间通过灰色手段赚得盆满钵满，但最终无一例外摔了大跟头，只有智纲智库越走越轻松，再猛烈的江湖风波，也自岿然不动，归根结底，是因为我从一开始就懂得拒绝。

我曾多次说过，我这人并非天生与钱有仇，但是如果让我为了钱而牺牲自己的生活方式，为了钱而放弃自己天马行空的自由，为了钱而抛弃自尊、自立与自强，为了钱而扔掉创立中国商业思想库的初衷，那我绝对不干。因为，如果那样，中国会多一个二三流的老板，而失去一个一流的策划人、战略家。所以我才说，我这人天生不缺钱花，但也挣不了大钱，金钱于我只是顺带的结果。

人贵有自知之明。自知之明的核心是知道自己想要什么、最擅长做什么、不擅长做什么。要回归自己的本心，从这个原点出发做自己的生涯规划。

金句

- 真正的贵人，绝对不是以利相交的，那叫利益共同体；只有发自内心地愿意扶助和提携你的，才是真正的贵人。

- 一个人只要自己不打倒自己，谁也别想打倒你。

- 受制于人者，灵魂是跪着的。欲制于人者，灵魂是坐着的。有独立人格者，灵魂是站着的。

- 歌颂苦难是一件不道德的事情，在苦难中挺立的强者，才是应该歌颂的对象。

- 人生有限，世界无垠，以有限对抗无垠的唯一办法，就是不重复。

- 人生就是一本账，不同的算账方式，决定了不同的人生格局。

- 面对工作，或以为职业，或以为事业。二者虽只一字之差，却折射出不同的价值追求与人生格局，因而成为决定人生价值的重要分水岭。

- 对一个有能力的人来说，在这个乱云飞渡、充斥着太多机会的社会里，最大的问题不是能否捕捉到机会，而是如何拒绝诱惑。

第二章

观 局

对每个人来说,最大的道理就是所处的时代。

所谓格局,就是小道理服从大道理。

对每个人来说,最大的道理就是所处的时代,因此格局之于人生最宏观的价值,就在于观局——了解所谓的"天下大势"。

中国人常说"局势",拆开来说,"局"与"势"其实是一体两面。有人设局,有人破局;有人观势,有人用势。局是人间势,势是心中局。在这一章中,我会系统地讲讲我如何认识当今的"大局",以及如何看待未来的"大势"。希望能给你一些启发。

孙中山有一句话:"天下大势,浩浩汤汤;顺之者昌,逆之者亡。"在特定时间段内,大局不可逆,大势不可违。即便是伟人,也不能妄想扭转历史发展的方向。只有顺势而为,才能事半功倍,如果我们无法借助大势,那么至少不要让它成为阻力。

关于"势",《孙子兵法·势篇》中这样解释:

故善战者，求之于势，不责于人，故能择人而任势。任势者，其战人也，如转木石。木石之性，安则静，危则动，方则止，圆则行。故善战人之势，如转圆石于千仞之山者，势也。

同样的石头，你是像西西弗斯那样推石上山，劳而无功，还是像雷军所说的那样，于万仞之上推千钧之石？这就涉及对"势"的精妙把握。观天下势，顺势而为，挟大势而定大局，古往今来，无数成就事业的人物，都离不开这一能力。

大人物固然要观势、借势、成势，而对于芸芸众生而言，"势"的价值到底何在？很多人都有一个误区，认为所谓的"观天下"，不过是一门屠龙术，是领导层面才要关注的事情，对于普通人而言，除了能在饭桌上侃一侃八卦之外，和日常生活没什么关联。

然而，"不谋万世者不足谋一时，不谋全局者不足谋一域"。一个人终究不能离群索居，时代大潮是个体发展的底层逻辑和基本约束条件，如果不知道潮水的方向，就很难对自己所应该选择的人生道路进行准确的把握。

道理说来空泛，倒拨时间的指针，你可能会更加清楚地看到，"势"对于个体到底会起到怎样的作用。

比如，回到 5 年前，在那个教育"双减"未见踪影、汽车革命萌芽初现的时代，准备拥抱新经济浪潮的你，面对某知名互联网教育企业的邀请和某智能驾驶企业的邀请，会选哪个？

如果回到15年前，在那个传统纸媒与互联网并驾齐驱的时代，意气风发、踌躇满志的你，面对一个知名纸媒的职位和某新型互联网企业的职位，会选哪个？

假如回到30年前，刚刚毕业步入社会的你，面对一张去往深圳的火车票和一个老家纺织厂的办公室文员工作，会选哪个？

再远一些，回到1938年，世界局势风云激荡，德国大军正盘踞在德、捷边界，战争的阴云笼罩在欧洲上空。危急关头，英国首相张伯伦在法国总理达拉第的支持下，主动求见希特勒，以牺牲捷克斯洛伐克的利益为代价，图谋媾和。随后，在英、法的联手威胁和劝诱下，捷克斯洛伐克被迫接受了割地的建议，英、法、德、意四国首脑共同签署了《慕尼黑协定》，将原属于捷克斯洛伐克的苏台德区割让给德国，希特勒方才撤军。

自慕尼黑返回伦敦的张伯伦，在机场挥舞着协定得意地宣称："我带来了整整一代人的和平！"如果你是那个时代生活在慕尼黑的犹太人，你是会长舒一口气，继续安心留在德国生活，还是感觉到大难将至，赶快移民？事实上，留给你做出生死决断的时间，只有不到几个月了。

早知三日，富贵千年。这些问题的答案，现在看来，似乎一目了然。但回到那些特殊的时间节点，毫无疑问，选择往往比努力更重要。如果对趋势的判断严重出错，你小则面临职业生涯中的重大打击和失败，大则整个人生陷入危局。某些时间节点甚至有可能关乎生死，存亡皆在一念之间。当然，这种重大抉择的时间节点并不多，你一生大概率只会遇到几次，但对天下大势的理解和洞察，仍然是一个人安身立命的基本素养。

既然天下大势如此重要，那么真的会有那么多人看懂它吗？真相或许有些残酷：每个清晨都会到来，但不是所有人都能按时醒来。纵观几千年的人类历史，有突飞猛进的技术进步，有层出不穷的历史事件，有云谲波诡的政治交锋，但那都是少数阶层的事情。大家虽然看起来好像生活在同一个世界，却有着不同的时间尺度和生命年轮。

对于如何把握住天下大势并为我所用，这些年下来，我总结出了一套简单却有效的方法论——三因理论：因时制宜、因地制宜、因人制宜。

早在2000多年前，先哲就讲过"天时不如地利，地利不如人和"，但这还只是对客观环境的认识，必须靠主观能动性的加持，才能真正做到运用自如。因时制宜才能"成势"，因地制宜才能"成事"，因人制宜才能"成功"。

一个人不能两次踏入同一条河流，机会稍纵即逝，选择至关重要。一定要据天时、观地利、重人和，结合实际情况，才能真正做到穿透台前抵达幕后，穿透现象抵达本质，穿透偶然抵达必然。

因时成势——时势造就英雄

我们常说，时势造就英雄。这个"时"就是天时，指的是宏观面的形势，既包括全球的政治局势、经济社会、科技变革等，也包括国家的经济社会发展阶段、人口形势、宏观经济政策、行业政策，以及行业发展阶段、行业竞争格局、市场消费变动趋势等。

这个世界唯一不变的就是变化。变化有两种。第一种叫波动，股价的涨跌是波动。第二种叫趋势，行业的兴衰是趋势（重要的不是趋势，而是趋势的改变）。不同的人因对变化的不同判断（哪些是短暂的波动，哪些是长久的趋势）而形成的认知差异在时代发生剧烈变化时，尤为关键。

"因时"，就是要学会审时度势，从宏观上把握住趋势。

我们做任何事情的时候，首先必须了解所处的大环境。比如对年轻人来说，如果离开今日之中国这样一个坐标系或背景，在思考和分析职业生涯乃至人生规划的很多问题时就没有了前提条件。而当我们把握好这个背景时，会发现棋局很宏大，视野很广阔，观察和思考问题可以很从容。

当然，"因时"不是算命，而是判断趋势和走向，是抓住当下面临的最主要矛盾、最主要矛盾的主要方面（最关键问题或最大的驱动因素），并顺应大势、适度超前地规划自己的事业和人生。

做到"因时"，并不是一件容易事。我这么多年从事战略咨询，一项非常重要的工作，就是帮助客户看清时势并因势利导。

在这里，我想以我下海之初的第一个项目——碧桂园为例，解读何为时势的力量。

作为中国民营房地产标志性企业，碧桂园的发展脉络与房地产行业的发展脉络不谋而合。

1992年，商品房开发全面提速，各行各业争相进入房地产行业。1991年年底，全国房地产企业只有3700家；1992年年底，房地产企业猛增至17 000家。

房地产热由海南发端，继而蔓延到广东珠三角，再扩散到福建、江苏、上海，处于改革开放最前沿的广东珠三角地区，房地产市场也迎来了第一次井喷。然而，随着"击鼓传花"的持续发展,房地产泡沫越来越大。

1993年6月,中共中央、国务院发布《关于当前经济情况和加强宏观调控的意见》。随着16条强有力的调控政策的出台和执行,中央全面紧缩银根,房地产泡沫开始破灭。刚刚经历过一轮爆发式增长的房地产行业,遭遇了前所未有的挑战。这个时候,房地产行业究竟何去何从?很多人都看不清楚。

坐落于顺德与番禺交界地的碧桂园,同样面临"死火"。碧桂园的创始人杨国强,当时只是广东顺德北滘镇一个小小的包工头,当他施工完毕,向开发商索要为工程所垫费用时,开发商却让杨国强销售已经盖好的别墅,以销售收入核销建筑成本。杨国强"无辜"地从造房者变成了卖房者。

面对沉寂的楼盘,以及甲方跑路、银行抽身的惨淡局面,杨国强和他的建筑队毫无办法,无奈之下找到了我,希望我作为在南方略有薄名的记者,帮他好好写几篇文章"鼓吹"一下。

看完整个项目后,我和杨国强开诚布公地讲,此情此景下,一百个王志纲写文章也无济于事,如同冬天里烧火,再怎么烧也烧不出春天来,但这并不意味着彻底绝望。随后,我把自己对中国经济下一步走向的思考、关于珠三角发展的看法以及对房地产行业的预判跟他系统地讲了讲,他就一把拽住我说:"王记者,你要帮我，我们合作吧！"（当时大家都叫我王记者。）

一拍即合。随后我向杨国强讲了我的三个重要的判断。

我明确告诉他，第一，"等、望、靠"是没有未来的。很多侥幸靠房地产泡沫赚得盆满钵满的老板，把今天的必然当成了偶然。要知道，当时邓小平南方谈话刚刚过去一年，"春天的故事"依然是老板们脑海中鲜活的记忆，他们满心以为，房地产会再次火爆。然而，我深知这些地产老板的想法注定是妄想。

第二，要回到本质，创造市场。竞争的最高境界是创造市场，能创造市场就能创造需求。当时的珠三角因为10多年的改革开放，一大批农民洗脚上田，都成了百万富翁甚至千万富翁，他们不是没有钱，他们需要的是一个让他们消费的理由。

第三，光靠卖房子是没有任何意义的，必须解决市场最大的痛点。那么痛点是什么呢？我发现，珠三角的很多富人忙于赚钱顾不上孩子的教育问题。而当时的改革政策比较宽松，如果创办一所市场化的寄宿学校，一方面让孩子们得到很好的教育，另一方面解决资金困局，那将是两全其美的事。

杨国强对于这三个判断全盘接受，不再寄希望于冬天快速结束，而要力所能及地创造市场。以创办名校为切入点，从策划到营销再到整合，通过轰动羊城的"可怕的顺德人"系列广告，碧桂园学校一战成名，"死火"两年的碧桂园在人们的心目中变成了"成功人士的家园"。

仅仅两年时间，一个看似不可思议的"神话"，在碧桂园1000多亩的桑基鱼塘上，成了辉煌的现实。碧桂园一飞冲天，顺德碧桂园、华南碧桂园、广州碧桂园、均安碧桂园、花城碧桂园、荔城碧桂园，几乎一年一个。

现在很多人都以为碧桂园就是靠着一句广告"给你一个五星级的家"成功的，再稍微深入了解后，又以为是靠着兴办学校、转型教育地产成功的。其实最本质的问题并不在于战术层面，而在于首先从战略层面解读时代。

2007年4月20日，碧桂园在香港联交所挂牌上市，首日收盘价每股7.27港元，持有95.2亿股碧桂园的25岁大股东杨惠妍（杨国强的女儿），一举超过玖龙纸业的董事长张茵成为新一代内地首富，而碧桂园以1163亿港元的总市值，跃至内地房企之巅。

上市后募得大笔资金的碧桂园，伴随中国城镇化的快速发展，在几年时间里，将郊区大盘模式复制到全国各地，成了货真价实的三四线之王。我当初给碧桂园制定的广告语"给你一个五星级的家",也由此广为人知。

作为亲历者,我清晰记得这句广告语的由来。当年杨国强也有自己的主张。在选定广告语的会议上,杨国强和我说:"王老师,你想好了别说,我也想一个,明天我们来对对。"

第二天见面后,我让杨国强先说,他憋了半天后用顺德话说了一句:"平过自己起屋。"意思就是比自己盖房子还便宜。

听完杨国强的话,我不禁大笑:"杨老板,真了不起!但这个不是广告语,是你的经营理念。"我提出了"给你一个五星级的家",并告诉杨国强,这才是理念、诉求和展望,是跟精英阶层的需求能对接的东西。杨国强一拍大腿:"行!"

其实这么多年来,碧桂园的核心竞争力还是那句"平过自己起屋"。城乡接合部较便宜的地价、较快的速度、最到位的性价比、较好的资金周转率,甚至最廉价的工人——机器人,碧桂园模式的成功,核心思想就是将房地产营造成本压缩到极致。

碧桂园的崛起之路,正是中国房地产行业黄金时代的缩影。狂飙20年,虽然其中也有过起起伏伏的周期曲折,但一次又一次触底反弹后走向新高的红色箭头,触动着被时代裹挟的每个主体的神经和利益,也让每一个主体自觉相信、自我强化"只涨不跌"

的信念。

在那个"黄金时代",地方政府、开发商、炒房团,成了受益最大的群体。地方财政高度依赖土地出让金收入;主流开发商们通过高周转的资金运作、大规模的土地获取、高效复制的产品线和集团化的管控模式,迅速成为巨头;炒房团则在各地一掷千金,让当地房价应声而涨,攫取超额回报。

除了开发商、地方政府和有房阶层的利益捆绑,支撑房地产20年繁荣的根本动力,其实是全世界历史上最大规模的城镇化。中国的城镇化率从2000年的36.22%上升到2019年的60.60%,短短的将近20年的时间,有将近4亿人口进城工作、生活,创造了前所未有的居住需求。从2000年到2017年,当年竣工房屋面积从1亿平方米增长到17亿平方米,房地产的繁荣反过来也加速推动了城镇化。这背后,归根结底,经济增长红利、人口红利和城镇化红利,是其持续繁荣的根本支撑。

除此之外,房地产行业的特殊性在于,它是国民经济当中少有的可以打通生产、流通、消费三个领域的行业,上下游关联行业极多,能够直接或间接地拉动就业、带动税收。

但也正是因为地位重要、规模庞大、利益纷杂等行业特点,过去数十年房地产领域产生了太多乱象。利益诱惑太大的时候，自然而然就会有人铤而走险。于是人性中的贪婪、虚荣和侥幸都在这个行业得到了集中释放，也让它承担了很多污名。

天下没有不散的筵席。经过 20 年的飞速发展，当一座座小镇、新城拔地而起，房地产终于走到了它的转折点。

两年前，我和一个广东房地产界大佬交流时，他提出几个很有意思的问题：作为先行者的美国和日本，都曾经历过房地产狂飙突进的时代，也出现过无数风光一时的房地产巨头，"固一世之雄也，而今安在哉"？它们为什么被淘汰？它们被谁淘汰的？它们被淘汰有必然性吗？

答案显而易见，这些房地产巨头有如狂飙的列车，已经不是老板踩刹车就能停下来的了，股东、高管、员工形成的庞大利益群体裹挟着它们朝着末路狂奔，看起来业绩屡创新高，实则积重难返，跑得越快，离死亡就越近。随着高速城镇化脚步的放缓，房地产行业在特定阶段的历史使命其实已经接近完成。在这种背景下，大的政策变动只是早晚的事。当市场环境、政策环境都发生了深刻变化时，整个行业遭遇寒冬，实在是一种历史必然。

但遗憾的是，<u>看清时势的人或许不少，但不为眼前利害所动、</u>

敢于及时止步转型的人实在太少。 20 年来房地产发展的强大惯性，让很多人即使在这样的困难局面下，依旧认为眼下的调控只是一个暂时性的冬天，忍忍就过去了。毕竟之前房地产也经历过多轮调控，但无论多严格的调控，一段时间后就过去了。他们理所当然地认为这次也不例外，传统的高杠杆、高周转的玩法，还能继续下去。

尤其是我身边的一些从事房地产开发的老板，即使已经遇到了资金链濒临断裂的坏情况，依旧抱有未来政府会大力救市、房地产的黄金岁月会重来的美梦。正是这样的幻想，推着他们一步步迈入绝境，这不得不说是某种人性的悲哀了。

因地成事——天时不如地利

《晏子春秋》有云:"橘生淮南则为橘,生于淮北则为枳,叶徒相似,其实味不同。所以然者何?水土异也。"

一方水土养一方人。在不同的地域,地理位置、物候环境、生存方式的差异,会带来思想观念、人文历史、文化特征、性格禀赋的不同。所谓"十步之内,必有芳草",任何地方都有自己的可取之处,一无是处的地方可以说是没有的。如果有,那一定是你缺少了一双发现美的眼睛。每个地方都会有自己的根基、灵魂和命脉。

因此,除了因时制宜,因地制宜也非常重要。

想要在中国这块土地上成就一番事业的人,必须熟悉这块土地以及这块土地上的政治、人文环境,必须理解脚下的这块土地。

这里所说的因地制宜,就是要根据当下当地的形势、格局、地位和角度,开创性地利用各种资源要素,成功搭建起上下通气、左右逢源、前后呼应的互动关系。

对个体来说，选择城市和区域，就是对"因地制宜"的简单运用。在这里，我就以年轻人比较向往的几座城市为例来谈谈。

先说深圳。深圳是一座移民之都。移民文化的最大优点是因多元而形成互补，因差异而激发创意，这是深圳极具兼容性、创新性的文化原因。

不过，移民文化的一个特征是缺乏长久性和稳定性，一切都可能随波逐流，一切都可能随风而逝，一切都可能只是临时组合，一切似乎都只能独立自主、自力更生。人情因长久的疏离而淡薄，信任因曾经的伤痛而减少。

在深圳街头熙熙攘攘的如海人潮中，有些人是逐利而来。在这里，要想求发展先得求生存，于是在一部分人眼中，利益至上成为自然之事。他们推崇为达目的而不择手段，英雄不问出处。这也许是商品经济的发展和发达使然。

至于广东的另一座一线城市广州，则有完全不同的特色。广州，其实不是一座城市，而是隐藏在城市外衣之下的一个超级市场、世界市场。

尽管广州建城很早，且有羊城、穗城、花城等别名，但广州的城市性质，却主要不是"城"而是"市"。作为千年商都，广州是中国最具市场活力的城市。过早市场化使它灵活有余而持重不足，变通有余而规划不足。若干有余与不足，日积月累沉淀出了我们眼前的这座城市，仿佛是这样一个人：着西装，系领带，脚蹬布鞋，头顶瓜皮帽，一不留神，从口袋里还能掏出个鼻烟壶来。

广州曾标榜为"不设防的城市"，各色人等，不论阳春白雪、三教九流，均无条件欢迎；从背山面海到通江达海，从小城市到大城市，广州的变迁，乍看起来似乎是主动改革的结果，但若仔细探究，你会发现，这其实是被动适应的结果。支撑它快速成长的是市场活力。这种活力积极、良性的一面是推动这座城市社会的迅猛发展，消极的一面则是导致这座城市社会的芜杂、混乱及庸俗化。

虽然广州近年来有些落寞，但广州是四大一线城市中唯一排进美好生活指数前十名的城市，也是一座人情味浓、包容度大、美食多、文化底蕴厚、活力强的城市，在这个来者不拒的"大市场"内，无论日间忙碌的职场，还是夜里闹腾的街边，都弥漫着其他大都市没有的肆意交织的烟火气息。

再比如北京。北京是一座令人难以捉摸的城市，一时半会儿，似乎摸不着头脑。它既是一个国际性大都市，又像一个大村庄；

既现代，又传统；既前卫，又保守；既开放，又排外；既富有，又贫穷。

北京的复杂性，不仅由于它的庞大、繁杂、纷乱，更由于它的立体、多元和复合。北京城至少是"三个北京"的复合体：一是在胡同里光着膀子坐着板凳摇着蒲扇高谈阔论、知足常乐的老北京的北京；二是全国各地跑到京城里混世界、闯天下、奋力拼搏、一心想出人头地的外地人的北京；三是起落倏忽的"达官显贵"们的北京。三个北京相互交合，形成了复杂的生态，演绎着一幕幕人间悲喜剧。

中国另一座一线城市上海，最大的特点是高度国际化和规范化，经受欧风美雨上百年的上海滩，顺理成章地飘荡或渗透着无法遮掩的"剪不断理还乱"的由海浪运来的让人觉得遥远又近在咫尺的西洋味。上海是中国最讲究规矩和契约精神的城市。这大概是长期以来和洋人打交道必须养成的和"国际惯例"接轨的意识使然。

上海也许不如深圳、广州那样活力勃发、热点迭出，但其发展的稳健和潜力却是无与伦比的。这大约也是上海一直能够保持中国经济大都市龙头地位的重要原因之一。

上海是一座讲究实际效益的城市。正所谓"没有永远的朋友，也没有永远的敌人,只有永远的利益"。在有些人眼里,有的上海人比较缺乏中国传统人情味。

上海是一座精细的城市。上海很大,上海也很细。大在地盘表面,细在人心深处。上海人的精细和细腻以及对细微之处所表现出来的精明,早已广为世人所熟知。在由如此庞大的精细人口组成的如此广袤的大都市里,你不仅要投其所好,更要慎之又慎。

再比如天津,虽然是海滨城市,但市区远离大海,而且海河的出海口小,当年外国列强不便登岸。天津最初的繁荣是由小商、小贩支撑的。所以作为海滨城市的天津却有着某种根深蒂固的小商人、小市民文化的成分,小富既安,自得其乐。天津人极少出来闯荡世界,去一趟北京就相当于出长差。不过,天津的市井文化,如相声演艺等,又格外发达。

除了上述这些城市,重庆、成都、杭州、武汉、合肥、郑州、西安……几乎所有的城市,都有独一无二的文化气质,以及各具特色的发展机遇。关键在于你的认知是否到位,从而决定了你能否选择到更合适的区域,实现自己的人生抱负。

而从城市本身的运营来说,我认为,"因地制宜"最典型的例子,当数成都。

自2003年始,我与成都进行了长达八年的合作。我记得就是在"非典"刚刚结束的那段时间,成都市委市政府邀请王志纲工作室探索一个极富挑战性的命题:成都未来三年至五年的路如何走?

在中国的经济版图上,成都到底应该扮演什么样的角色?在西部开发的浪潮中,成都的核心竞争力到底是什么?成都如何才能实现跨越式的发展?成都的城市运营能否另辟蹊径,走出一条个性化之路?面对这样一个涉及成都方方面面的命题,如何在扑朔迷离的动态环境中,在千头万绪的城市运营中,化繁为简,抓住主要矛盾,确实是一个重大的考验。

时间紧,任务重。当时我们就住在宽窄巷子旁的政府招待所里,那时的宽窄巷子还只是一个老居民区,传言马上要被拆迁,改造成房地产项目。白天我们全情投入,头脑风暴;傍晚我总是习惯穿着短裤,脚踩拖鞋,在周边闲逛几圈,体会成都人喧闹嘈杂却优哉游哉的市井生活。一个与众不同的方案逐渐在我的脑海中成形。

欲策划成都,必先了解中国城市经济格局。在中国的经济版图上,已经形成了三大城市圈——京津唐城市圈、长三角城市圈、珠三角城市圈。这三大城市圈,是中国城镇化进程中起步最早、发展最成熟、最具规模的地区,在相当长的时期内,仍将担负起中国城镇化领头羊的角色。

三大城市圈为中国的经济奠定了坚固的基础，犹如一支长弓，而长江流域经济带则如一支利箭，张弓搭箭，确立了中国经济整体均衡发展的格局。但决定这支箭的射程和威力的关键不仅在于弓，更在于是否有合适的发力点。

纵观中国城市经济发展之格局，要实现中国经济整体均衡增长与可持续发展，关键在中西部的崛起。没有西部的城镇化，难以想象中华民族的真正复兴。西部的整体发展，关键还在城市，特别是大规模城市圈的拉动。

因此，西部城市具备不鸣则已、一鸣惊人的可能。在这个引弦待发的格局上，幅员辽阔、发展滞后的西部亟须形成新的城市圈作为发力点。只有西部的某座城市或者城市群异峰突起，才能从整体上真正形成"3+1"的城市格局，中国经济腾飞的夙愿才能从根本上得以实现。这是历史给予西部的一个巨大的机遇。

那么放眼西部，谁能挑起大梁，扮演"1"的角色呢？

在中国西部大开发的历史背景下，有三座城市进入我们的视野，西安、重庆和成都。西安是著名的古都，中华民族的重要文化发祥地；重庆是长江中上游唯一的直辖市，通江达海。可以说这两个城市要想来做这个中心都是有可能的。那么成都的优势在哪儿呢？我认为，是其独一无二的休闲气质。

一座城市的产业发展离不开它的人文气质，这种人文气质就是城市的性格。这是其最宝贵的精神财富和核心竞争力。任何刚性的政策和手段可能压抑之，扭曲之，但不可能强制改变之。自古就有"少不入川"之说的成都，其最独特的气质就是休闲，这是成都最大的资源优势、最独特的魅力和个性。

有什么样的人群，就有什么样的消费，就有什么样的供应，也就有什么样的产业。在西部如火如荼的城镇化进程中，成都无疑是一片天赐的绿洲。面对中国人的休闲饥渴，成都的魅力惊艳于世，这里不仅有都江堰、青城山、武侯祠、杜甫草堂、文殊院、宽窄巷子等一系列旅游资源，而且自古就有"扬一益二""锦官城"的美誉。

成都堪称全中国最会享乐的地方。川菜、川酒、川茶、川戏、蜀锦、蜀绣、龙门阵、麻将牌，不论人们的经济状况如何，都可以在成都找到自由休闲的空间。

因此，成都完全没有必要再参与城市间的同质化竞争，而是应发挥自己的人文优势，寻找差异化的发展之道。成都策划的关键，就在于做足休闲产业的文章，只要把成都蕴蓄千年的生活观推出来，它自然就会迸发出巨大的活力。

成都"打造休闲之都"最典型的案例就是宽窄巷子。在2003年策划的时候，我就说过，宽窄巷子用不着政府去操心，只要提供一个平台就够了。

我们当时设计了一套商业模式，后来在中国传得很广。首先，这个地方坚决不能拿来做房地产。其次，要交给一家运营商来管理。什么样的运营商呢？打个形象的比方，这家运营商就像是机关食堂，第一不赚钱，第二不亏钱，第三要人人都叫好。只要达到这个标准，想不成功都不可能。

只要宽窄巷子这片土地的价值涨起来，周围一大片区域都会跟着水涨船高，这才是最好的做法。

"宽窄巷子"项目面世之初，就没想着赚快钱，而是要把全成都人的自豪感调动起来。宽窄巷子最了不起的不在于这里有什么古建筑、会馆，而是让爱玩、爱耍、爱炫的成都人把宝贝展示出来，吸引天下人一起体验天府。

宽窄巷子这么一个方寸之地，民俗风情、吃喝玩乐、稀奇古怪的东西都有，经过了八年淘选，终于形成了独特的生态圈，乔木、灌木互相依存，让成都的精气神在商业时代焕发新生。虽然商业化开发过程中有一些用力过猛、操之过急的手段，但是总体上成都成功推出了一张城市名片。

"千金难买回头看。"从2003年开始，在"西部之心，魅力之都"的总体战略统领下，从谋划、策划、规划、计划，再到执行，成都开始了好戏连台的"变脸"。

成都不仅有都市活力和繁荣的现代心脏，也有飞速发展的郊区县城和广袤乡村；不仅有传承城市文化原汁原味的蜀味风情，也有对接国际潮流的现代数码娱乐；不仅有正在脱胎换骨的老成都，更有世界现代城市的新成都。今天的成都，无论人口、产业还是国际知名度，都已经跻身中国前列，西部之心从梦想变为现实，而这一切的背后，正是成都特有城市气质的充分张扬。

因人成功——地利不如人和

"知人者智,自知者明。胜人者有力,自胜者强。"观天时,明地利,最后都要落到人的层面。"人"才是"观势谋局"的主体。因人制宜,要能够做到以人为本、量体裁衣,不求最完美,但求最适合。

三因之中,因人是核心,更是宗旨和依归。对大势的判断,必须以人的最终需求为依归,需要扬长避短,趋利避害。天时再好,地利再厚,如果不能为人所用,终归是空谈。这一点说起来容易,做起来却难上加难,有多少人成功于此,就有多少人折戟于此。

在和很多老板合作的过程中,"人"是至关重要的考量因素。对人性的深刻把握很有意思,也非常有用,因为人性中有些东西是永恒的。同样的天时、地利,由于操盘人的个性不同,最终取得的效果也大相径庭。同样是做房地产,有人是最优秀的鲍鱼师傅,不做满汉全席,只做精致粤菜;有人是喜宴大厨,做的就是物美价廉；还有人做的是预制菜，流水化生产。关键看是否适配。

我上大学的时候读瑞士心理学家荣格的著作，了解到人格面具理论，就是每个人在社会上，都是戴着人格面具生活，就像开假面舞会一样，光怪陆离，每个人都想把自己想展现给别人的一面展现出来。

社会发展到今天，人格面具依然存在，每个人都戴着人格面具生存。人格面具的本质，是人的一种自我保护机制。这种自我保护机制会让我们在日常生活中不由自主地伪装或隐藏许多东西。

应该说，戴人格面具并非不诚恳，而是因为这样可以最大限度地保证个体能够与其他人（甚至与那些不喜欢的人）在表面上和睦相处，为个体的各类社会交往提供多种可能性。

通常来说，人格面具都是以公众道德为标准的。但是，如果一个人过分热衷和沉湎于扮演社会公众喜欢和普遍接受的角色，最终的结果，就是人格面具戴久了摘不下来。

那么，怎么判断别人人格面具背后的真实意图是什么呢？

我常说，要"听其言，观其行"。"听其言"往往是片面的，有些人言不由衷，有些人词不达意，所以光听没有用，还要观察他们的行为，所作所为骗不了人。当然还要结合你对人性的深刻理解，才能了解他们的真实意图。

举个简单的例子。干我们这一行的，最主要的工作是跟很多老板打交道，会面对很多不同的客户。客观上讲，客户找我们是想解决难题，但从主观上讲，存在几个问题：有的人投机心理作祟，想利用我们的影响力和多元能力实现非正常超车；有的人盲目崇拜，以为我王某人一句话，他就能起死回生，愿望完全脱离实际；有的人则提出并不成立的伪命题。就像看病一样，患者以为自己只是普通的内火旺，找我买去火药，但是在实际体检后发现，是别的病因导致的。这个患者的要求就是一个伪命题。

在这个时候，"因人"就显得非常重要。一般情况下，我跟客户初次交谈的时间或许不长，甚至就是一顿饭的时间，但是要快速形成基本的判断。他是干什么的，他有多少身家，他想跟我们合作什么？他说的有多少是真话，有多少是假话？他的出身是什么？有的可能是搞贸易出身，有的可能是官员出身，有的可能是搞技术出身，出身不同，其思维方式和处事方式往往也会不同，这些都要搞清楚。要决定是否能够合作，还要看他对我们的了解有多少。

这些判断是怎么来的呢？首先要有方法，看人要看到真问题，看到真需求。因此在和不同的人交流时，一定不能听风就是雨，不仅要"听其言,观其行",还要"视其所以,观其所由,察其所安",这样才能较为准确地识人。当然,更重要的是阅历,阅人无数之后,你短时间接触一个人,就能够把握个七七八八,得出比较正确的判断。

"因人"除了看别人之外,还需要看自己,面对同样的一个大趋势,你的优势或长板在哪里?切忌人云亦云,随波逐流,否则很可能即使看到了趋势,也会无功而返。毕竟任何一个可以称之为"大势"的趋势,都足以容纳海量的机会,关键在于个人切入的点。比如乡村振兴这个大趋势,可以切入的点就有很多。不论你是对处理土地问题比较擅长,还是对农产品、物流、电商比较擅长,或者对基础设施工程擅长,对乡村旅游擅长,对康养擅长,你都可以找到适合自己的切入点。

这里分析一个案例。通过这个案例,我们可以看出贵州偏远山区榕江县,是如何通过"因人制宜"切入乡村振兴这个"大势"的。

2023年的一大网络热词,就是"村超"。贵州榕江县在村超期间接待了520万人次的游客,旅游综合收入近60亿元,全网话题浏览量超580亿次,150多家企业入驻,大型项目落地20多个。作为全国最后一批脱贫县之一,榕江县为什么能在短时间内逆袭？村超出圈的密码到底何在？

2023年7月，我曾亲身前往榕江县，对村超进行实地考察。

村超的现场，的确令人非常震撼。即使像我这样对足球几乎不了解的人，也不由得被现场的火热气氛所带动，感受到了磅礴的生命力和最纯粹的快乐。这种快乐和金钱无关。球员们的奖品大多是当地特产，第一名队伍的奖品是本地小黄牛，第二名的是小香猪，第三名的是小香羊，第四名的是本地鹅，价格不高，却充满了原汁原味的乡土气息。

那些在场上飞奔的球员，绝大多数都是业余选手，有摊贩、老板、司机、学生……年龄从15岁到40多岁不等。但正是这群业余选手，踢出了世界波，踢出了倒挂金钩，踢出了一个现象级的文旅爆款产品。

更加精彩的表演，是在中场和休息的时候，各村的少数民族同胞们换上民族盛装，轮番上场表演侗族琵琶歌、水族芦笙铜鼓舞、瑶族春杵舞、苗族芦笙舞等民族歌舞和特色乐器，借村超的舞台向全世界展示当地多姿多彩的民族文化，气氛一下子达到了高潮，许多不远千里来看球的人都大呼过瘾，纷纷称这就是最具中国特色的狂欢节。

观赛时，我还亲眼看到了一个感人的场面，一位六七十岁的老大爷，在赛前几分钟，跑到场内去紧紧拥抱裁判，两人的拥抱获得了全场的一致欢呼。

事后看采访才知道，这位专程赶来村超执裁的孙葆洁裁判，在中国足球界名望极高，是出淤泥而不染的典范。冲入场中的老大爷同样是远道而来，他一辈子痴迷足球，也办过足球学校，但始终为中国足球的不争气和重重黑幕而深感痛苦，看到村超的消息，他特意从浙江赶来观赛，已经看了一个月有余，村超的火热和纯粹也让老人家激动万分，表示要把自己的余生奉献给榕江，奉献给村超。

诸如此类正能量的故事，在村超可谓比比皆是。酒店爆满后，村民把家中空房间收拾出来，免费提供给订不到房的旅客，而且坚决不收钱；现场不少老阿姨把自家做的美味食品分享给大家；远道而来的客人走到哪里都会收到礼物……纯朴、热情、真挚的民风，是村超赛场外的另一道风景。

按照"三因"理论来看，村超的火爆，完美符合"因时、因地、因人"应具备的基础条件，其中最关键的就是因人。

天时不用多说。"后疫情时代"，各行各业均面临重新起航，文旅业同样迎来复苏的关键之年。全国各地都在抢抓文旅行业恢复发展的黄金期，潜在的消费浪潮是村超迅速脱颖而出的时代背景。

从"地利"的角度判断，长期以来困扰贵州发展的最大问题，就是交通。但是，就在最近这20年，国家在贵州的基础设施建设方面下了大力气，贵州全境高铁穿行，民航机场密度西南第一，高速公路纵横交错。世界高桥前100名中有50座、前10名中有5座在贵州。山高水险的贵州，终于实现了"机场星罗棋布，市市通高铁，县县通高速，村村通硬化路"的宏伟蓝图。

从"千山万壑"到"通江达海"，贵州的可到达性有了历史性的飞跃，最重要的是，临近贵州的大片区域，火炉城市遍布。无论成都、重庆，还是沿长江经济带的长沙、武汉、南昌，甚至包括长三角、粤港澳大湾区，到夏季都是长达三四个月的高温酷暑。一到夏季，近五亿人口的避暑需求无处释放，贵州天然就是超级后花园，而村超联赛的持续火爆，再加上之前"村BA"的出圈，正是把贵州送出去、把世界请进来的标志性营销事件。

讲完了"因时"和"因地"，榕江之所以成功的第三点，也是最重要的就是"因人"。

中国地域之博大，文化之多元，消费市场之广阔，可以说榕江并不具备绝对的唯一性。放眼全国，具备天时地利的区域同样不在少数，但在"因人"这一方面，榕江做到了极致。

首先，榕江的"因人"，表现为尊重当地的民族文化。榕江县有侗、苗、汉、水、瑶、布依、壮、土家等 28 个民族，就苗族和侗族而言，苗族有 15 个支系，侗族有 7 个支系，少数民族占到了全县总人口的 81.3%。少数民族本身就是快乐的民族，节日众多，"日日赶摆，夜夜狂欢"，这种随性自然的生活状态对大城市的人来说，有着极强的吸引力。而旅游的实质就是要好玩，要能释放天性，要能把人格面具扔掉，村超的成功在很大一方面，就是把原生态的民族风情展现了出来，抓住了人性。

其次，榕江的"因人"，表现为反复调整，力求调动最广的积极性。我和村超的幕后操盘团队进行了深入的沟通。村超的火爆出圈绝非靠一时运气，而是厚积薄发的结果，是他们在一次次失败后不断总结经验、持续探索的结晶。从 2021 年以来，榕江县先后策划了 5 次城市 IP 塑造活动，其中有斗牛比赛、篮球比赛、非遗传承文化节、半程马拉松等，但结果都不尽如人意，直到找到了足球这一破题点。榕江乡村足球赛的传统由来已久。20 世纪 90 年代，村民们就在河边的草地上踢球比赛。最热闹的那一年，有

15 支球队参赛。这样的足球赛至今一直没有间断过。

最后,榕江的"因人",还表现为有一个有心力、有能力的操盘手团队。从流程上看,村超的主角从始至终都是群众,从赛事发起、赛程安排、晋级规则制定到节目表演等,均是民间自发组织、自行决定、自行实施的。但政府其实在背后做了大量服务保障工作,一位副县长全程负责现场秩序的维护,投注大量心力,并采用了诸多高科技手段,才保障了这几万观众进得来、待得住、走得了,没有出现任何安全事故。

可以说,政府强大的组织保障能力,再加上始终坚持"人民体育人民办,办好体育为人民"的理念,才让村超有了今天的局面。

在营销层面,村超亮点颇多,建立了相当完整的短视频营销体系,这同样离不开当地政府的创造性工作方法。

在交流中,县领导提到,近年来榕江推行"让手机变成新农具,让数据变成新农资,让直播变成新农活"的"新三变",让新媒体赋能乡村振兴。全县累计培育出 1.2 万多个新媒体账号和 2200 余个本地网络直播营销团队,这些一手用农具、一手刷手机的农民,成为此次村超的传播主体。

为了让整体的传播营销更加市场化、专业化，县里特地成立了"村超新媒体专班"，专人专岗，特事特办。和政府传统的宣传渠道相比，专班的成立在省去了很多程序的同时，也让内容创作更富生命力。这一举措对于村超二次传播的成功，可谓是至关重要。

这次榕江行，我也见到了专班的几个小伙子，他们的主要工作就是负责组织当地参加过直播培训的农民，分批前往现场拍摄，素材在全部交回专班后，再由专业的运营人员根据主题剪辑、包装名场面并做好新媒体运营，同时通过"碰瓷"足坛名宿等手段，不断提高热度。

专班的工作成果，可以说极其惊人。两周内，村超的相关内容创造了十多个抖音热点，登上全国热榜，话题"#贵州村超#"建立3天，阅读量超1亿次，截止到2023年6月11日上午，据抖音数据显示，#村超#、#贵州村超#以及#贵州村超现场有多燃#这三个话题，分别创造了1.2亿次、11亿次和2.7亿次的播放量。

这场掀起舆论狂澜的营销事件，实际的花费少到超出很多人的想象，这同样是高手在民间的另一真实例证。归根到底，淄博烧烤也好，贵州村超也罢，乃至2023年年末爆红的哈尔滨，这些网红的发展模式，都体现出了消费型社会＋服务型政府的完美结合。政府经营环境，企业经营市场，民众经营生态。三者各居其位，各谋其政，各尽其责，不越位，不过界。让行政管理和市场培育相得益彰，让中国社会各阶层的消费活力和地方政府的开放包容共同生发，这才是更高层面的"因人制宜"。

经济下半场——四新改变中国

时移世易，大浪奔流，在不同的时空背景下，"天时、地利、人和"这三个要素会发生各种演化，而且在演化过程中会产生各种不同的组合方式。掌握了这一点，就掌握了把握大势的底层逻辑。接下来，我会用这个逻辑来解读中国的过去、现在和未来，希望能让你对究竟何为"大势"，形成更加清晰的认知。

回顾自1978年以来的发展史，中国发展为今天的科技强国、制造业大国、"世界工厂"，仅用了短短40多年时间。这一奇迹的动因，正是天时、地利、人和的共同演化。

所谓天时，即大的战略机遇期，如果没有全球化，没有第三次产业转移浪潮，就没有中国的快速崛起。

在时间上，全球产业转移存在类似"雁阵"的先后顺序，从欧美到日本，再到亚洲四小龙，直接导致产业转移目的地快速崛起。

在这次产业转移的契机下,中国顺势打开门户,拥抱世界,这正是改革开放最大的天时。彼时的西方资本一是看不上中国,二是也不敢来。在它们看来,没有成熟的法律法规,只有一片经济特区,前途莫测;没有熟练的劳动力,更没有完善的产业集群,根本不具备投资可行性。

欧美大资本不进来,总会有人进来,胆子最大的一批人就是港商。相较欧美大资本,虽然他们钱不多,但是有信息、有订单、有渠道,而且跟珠三角有千丝万缕的联系,这批人就作为第一批港商来了,在本乡本土办厂,并在这里探索出一种叫作"三来一补"的发展模式。

港商只要有订单,就不用给钱,村集体拿出土地来入股,借钱找包工头把厂房盖好,港商只要把设备运过来,就可以开始生产,最后利润两边分账。港商的成本之低简直无法想象,土地不要钱,厂房因陋就简,又有取之不尽、用之不竭的劳动力,最大的成本就是那些二手的设备。只要有订单,工厂就可以运转。一个个香港大小老板,把欧美订单拿到手后,跑到老家珠三角,找到当地的农民租地建厂房,不断地扩大规模再生产。

我亲身经历过这段时间,应该说,这些港商用了短短三年时间,就使整个珠三角崛起了成千上万的"三来一补"企业,孕育出了全球产业链最齐备的世界工厂,从沿海到内陆,最终带动了整个中国经济的发展。

所谓地利,就是中国巨大的统一市场以及广阔的经济腹地。在此之前,中国一直在沉睡,但中国迅速完成了从农耕文明到工业文明的转型,从产品经济、封闭经济到开放经济、社会主义市场经济的突破。中国潜力巨大的消费市场,是一个巨大的、统一的、需求旺盛的市场,将会催生无数机会。

天时地利具备,最关键的还是人和。作为改革开放的亲历者、观察者,我几乎全程经历了这段历史,也深刻地感受到了人性的力量。

改革开放之初,在广州、深圳之间100多公里长的走廊地带上,出现了前所未有的民工潮。我在做记者期间曾经深度调研其发展的全过程,并最终写成了一部报告文学《百万移民下珠江》。

作为"百万移民"的主角,农民工背井离乡,不是为了伟大的理想,而是为了解决切实的生存问题。他们在老家,只能面朝黄土背朝天,在地里找食吃。改革开放后,他们终于迎来了一个能够改变命运的选择:到遥远的珠三角打工赚钱。他们离开了老婆孩子热炕头,夜以继日地挥洒汗水。一个月两三百元钱的工资,或许是一个农民种地一年都挣不到的钱。他们付出了很大的代价，但收获的是未来。

一个朋友讲的小故事让我印象深刻。一位苹果公司高管在接受《纽约时报》采访时谈起自己在深圳的见闻。新一代 iPhone 发售前，苹果公司突然改变屏幕设计，要求深圳的富士康突击赶工。一天午夜，一群工头叫醒了熟睡的 8000 名工人，给每人发了饼干和茶。半个小时后，一条生产线开始以 24 小时 1 万多台的速度生产 iPhone。

回顾改革开放的伟大成就，归根结底，是每个人改变命运的欲望被充分激发出来，而且在市场竞争机制和效率优先原则的作用下，人的创造性被最大限度地调动起来。每个人在改变自己命运的同时，也改变了这个世界。

行文至此，我不由想起了盛极一时的美国西部片——黄沙与烈酒共舞、牛仔与恶徒相伴的美国西部，是人性的地狱，也是野心家的天堂。但摆脱文学视角，着眼于大历史观来看，始于 18 世纪末、终于 19 世纪末的美国西部大开发，极大促进了美国经济的发展，成为美国登上世界之巅的基石。

中国改革开放的上半场，正如美国西部大开发，向所有希望改变命运的人打开大门。沧海横流的年代，英雄辈出的舞台，激发出了中国人压抑许久的精气神，让中国富起来并强起来，完成了质的飞跃。

今天的中国，经历了前面 40 多年的狂飙突进，正处于转型的关键阶段，从高速增长的上半场要走向创新驱动高质量发展的下半场。旧的玩法被颠覆，新的秩序在浮现。

这几年，我坚持在大江南北四处奔走，深刻感受到当前时代正在呈现出非常重要的结构性变化，我把它概括为"四新"——新基建、新能源、新智造、新消费。

我认为，在群雄逐鹿的激烈竞争中，得"四新"者将得天下。对年轻人来说，在可预见的未来，这四个方向也蕴藏着巨大的机会。

新基建

不同于旧基建，新基建是以新发展为理念、以技术创新为驱动、以信息网络为基础的新型基础设施体系。关于新基建的解释很多，也不乏各种专业术语，但在我看来，智能化和大数据对各行各业的赋能植入，都可以叫新基建。当下最为热门的 5G、大数据、人工智能、工业互联网等多个前沿技术领域,都属于新基建的范畴。

中国新基建的时代背景,是正在发生的第四次工业革命。全世界已经经历了三次工业革命,每次工业革命,不管是机械化——蒸汽机的革命,还是电气化——内燃机的革命,或者信息化——计算机的革命,都是大国兴衰的标志性节点。

新技术革命日新月异,数字化和智能化浪潮正在席卷全球。党的十九届四中全会首次将数据列为与劳动、资本、土地、知识、技术、管理并列的生产要素。世界经济正经历深刻的数字化变革,从产品研发设计、生产制造到营销管理、服务支撑等,数字化已经渗透到产业链的各个环节和各个方面,数字经济成为传统产业升级转型的重要推手。

电商平台、数字货币、供应链信息化把传统产业用数字化改造了一遍,而数字孪生城市、数字乡村、自然资源信息化,通过数字会把我们的城市、乡村、山川河流、矿产风物改造一遍。数字经济会成为未来经济发展的主要形式。

数字化与智能化叠加,人类将由信息社会迈入智能社会。这是一场伟大而深刻的社会变革,其影响将比之前的历次工业革命所带来的影响更为宏大、更为深远，智能社会将完全重塑人类的生产、生活，甚至会对人类生命产生深远影响。

在新基建的加持下，很多传统行业在发展模式上也逐步实现了由劳动密集型向技术密集型的转变。

2023年10月，我受邀去西藏昌都市考察。根据安排，前往中国第二大单体铜矿玉龙铜矿，我原本以为它只是传统的矿山，可看到的场景却完全超乎我的想象。在智能采矿办公区，六七块监控屏幕上各种生产数据、设备信息不断跳动，只要寥寥几个工程师，就能远程操控进行挖掘和钻孔、推土作业。整座矿山的效率之高、智能化程度之高超出了我的想象。

新能源

新能源指的是在国家"双碳"战略的大背景下，对太阳能、风能、氢能、核能等一系列清洁能源的开发和利用。这场产业革命的浪潮，不仅正在改变中国，甚至将改变世界。

碳达峰与碳中和的概念，作为国家的一项中长期战略，是中国融入世界游戏规则，构建人类命运共同体的重要承诺。但"双碳"战略的实质到底是什么？很多人可能并不太清楚。

尤瓦尔·赫拉利说，人类发展至关重要的前两次工业革命的实质，不仅仅是技术革命，其核心是能源转换的革命。

当前中国提出"双碳"目标，实质是工业发展由化石能源彻底向清洁能源转换的又一次能源革命。

所以"双碳"战略从来不是一个纯粹的环境问题，而是中国在国际上抢占制高点、争夺话语权、构建竞争力躲不掉的"上甘岭"，既是我国大国担当的彰显，也是我国构建全球竞争力的"国运之战"。

但值得注意的是，"双碳"战略绝不是短期冲刺就能一蹴而就的，前几年运动式的"双碳"冲锋号被叫停，就是明证。展望未来，我国碳达峰、碳中和的政策体系的顶层设计已经出台，各分领域规划也正在制定过程中，我国新能源产业正迎来多元化综合能源应用场景的转型。

2022年，我受邀担任隆基绿能的董事。我一向对担任上市公司董事之类的职务不感兴趣，但这次却破了例。一是隆基绿能的两位创始人均是我在兰州大学的学弟；二是我一直在寻找一个研究中国新能源产业和头部企业的机会。借此契机，我得以了解光伏行业在新能源领域的广泛应用前景，真正见识到了新能源产业的巨大拉动作用。

与隆基绿能的几位创始人深入交流后，探索其成功的规律，最后我得出结论，隆基绿能的成功，在于另辟蹊径，坚守单晶硅的技术路线，选准赛道后，经过多年的技术积累，隆基绿能终于形成了强大的综合成本优势。据创始人李振国介绍，光伏行业的生死取决于度电成本，即每度电的发电综合成本。隆基绿能现在的发电成本仅为每度电不到 0.20 元。国内光伏发电成本平均为每度电 0.29~0.30 元，总体依旧优于煤电。成本决定了光伏行业的市场竞争力。

回顾中国新能源产业的发展历程，由于各个行业自身的属性导致其前期投入高、回报周期长，前期离不开政府的支持。早些年市场上涌现出了很多先行者，但都倒在了黎明前。没想到就在最近这两年，量变的积累终于实现了质变的突破，风电、光伏等行业可以不再依靠政府补贴实现盈利。行业的奇点时刻就此到来。

对于先行者，我们心存敬意，但新能源产业崛起的关键，还是在于国家在战略层面的重视，着眼长远，久久为功。虽然短期看不划算，甚至还有一些骗补贴的恶性事件，但长期来看，却为产业的升级打下了坚实的基础。

以分布式发电为例，我国仅现有的建筑安装光伏发电的市场潜力就有 3 万亿千瓦以上，再加上西部广阔的戈壁光伏发电市场潜力还有数十亿千瓦以上，光伏发电具有广阔的发展空间，其发展潜力十分巨大。

除了光伏行业外，中国还主导了许多绿色产品所需的关键矿物的生产，包括稀土、钴、锂、铜和镍。例如，中国完成了全球约 60% 的锂加工，与西方相比，具有 20%～25% 的成本优势。新能源产业快速发展还带动了电气机械制造、新能源汽车、高压传输、有色金属冶炼及压延等多个行业的发展。目前中国的特高压技术已经达到世界领先水准，宁德时代在动力电池市场也占据全球第一的宝座……正是这一系列的成就，中国才有勇气向世界做出"碳达峰、碳中和"的承诺，这也将是中国走向世界的最强底牌之一。

除此之外，新能源汽车行业，或者说电动汽车行业，无疑是整个新能源产业中最引人注目的那颗明珠。

2023 年我国汽车产销量分别达到 3016.1 万辆和 3009.4 万辆，同比分别增长 11.6% 和 12%，创历史新高并实现两位数增长，连续 15 年位居全球第一。其中新能源汽车产销分别完成 958.7 万辆和 949.5 万辆，同比分别增长 35.8% 和 37.9%，连续 9 年位居全球第一。

数据显示，2023年我国新能源乘用车市场渗透率已经达到35.7%，也就是说，乘用车市场每卖出3辆新车，其中就至少有1辆是新能源汽车。新能源汽车的保有量已经突破数量级关键节点。

在这一节点上，百度、小米、华为等互联网与电子消费企业纷纷宣布进入新能源汽车行业。与上一轮跨界造车新势力多以电动化为切入点不同，此次互联网科技巨头们的入局，将直接从智能化与网联化领域切入，在科技与软件生态上构建竞争壁垒。

关于引领人类下一次技术革命的是什么，人们已经争论很久，有人说是5G，有人说是基因工程，有人说是区块链。但在中国宣布努力争取2060年前实现碳中和之后，有一种声音越来越大：人类的下一次技术革命，将会由环保需求推动，因为真正决定一个时代和一个国家命运的，也往往是"能源革命"。

作为全球制造业大国，我国只有在未来市场中拥有低碳竞争优势，才能在产业链分工中聚焦高附加值环节，科技创新也将是唯一出路。

正如华为轮值董事长胡厚崑在2024年新年致辞中说的那样："无论外部环境怎么变化，我们坚信数字化、智能化、低碳化是最确定的发展趋势。"接下来的几十年，新能源产业将会催生出更多的新技术、新思想，带来一系列能源结构调整、一系列技术进步、一系列发展方式转变，这些都将重塑我们的生活。

新智造

新技术革命日新月异，数字化和智能化浪潮正在席卷全球。

以互联网、大数据、云计算、人工智能为代表的新一轮信息技术革命将重塑制造业生产方式和产业体系，从智能化装备到智能车间和智能工厂，数据驱动制造将成为制造业新模式。预计中国数字经济占 GDP 的比重有望在 2027 年达到 60% 左右，预测规模为 15.7 万亿美元。对于制造业来说，能否赶上这一波智能化浪潮，很可能是决定未来生死的关键。

现在很多人认为机器手臂、无人工厂、黑灯工厂就是智能制造的"代表"，实际上这是非常片面的认知。

智能制造其实是一项系统工程，要从产品研发、产品设计、工艺设计、生产过程管理、生产交付、运行维护等各方面提高智能化水平，而且只有提升了决策层、管理层、研发层的智能化水平，才算是货真价实的智能制造。

2023年我去东莞考察一家床垫企业——慕思，非常受启发。作为最传统的家居企业，慕思从2015年起就投入重金进行智能化改造，不仅仅是把新的数字化技术照搬引入，更是从内到外，从组织架构、管理到人才结构，甚至是企业观念、文化等，进行了一系列的转变。

对于像慕思这样的传统制造业企业来说，数字化转型并非易事。经过八年的持续投入和奋斗，慕思在生产、服务、销售、物流等环节形成了数字化闭环。我去工厂参观时发现，从产线下料到最后的产品包装，慕思整条工艺生产线上竟然只有两处有人工干预，自动化程度非常高。与此同时，慕思还通过海量的数据反馈进行调整，不断迭代其核心技术、能力和产品，把床垫做到极致，甚至接近奢侈品，在欧美市场也很有竞争力。

无独有偶，我在山东考察过一家钢铁企业——永锋集团。这家企业在近乎全行业亏损的大形势下，依然保持相当高的利润率，并且在吨钢成本和人均吨钢产量这两项重要指标上，都保持行业领先地位。永锋集团成功的秘诀，就是以精益为核心的智能制造。

带队走访永锋集团，给我留下最深印象的，就是科幻感十足的智控中心，简直就像好莱坞大片里的作战指挥室。400多块各类电子屏上数据跳动更新，37个操作岛连接着现场3万多台设备，向 5 公里外的生产基地传达指令。每一炉钢水冶炼前，模型已经自动计算出物料加入量；在冶炼过程中，备料、加料、操枪均由系统自动完成；当冶炼完成时，生产成本已经自动核算完毕，从视频、运行参数中看到的比从前在现场了解到的还要精准。站在智控中心里，你能真切感受到这颗超级智能大脑的迅捷、高效。

传统制造业企业在生产过程中会产生大量数据，但绝大多数都被浪费掉了，每一个生产单元都仿佛一个数据孤岛，工序、厂部之间协同困难，而数据从产线向上的流动需要经过层层传递，数据的精确性、实时性会遭遇极大的损耗。很多环节只能是"老师傅带小徒弟"，凭着经验和感觉操作，无形中增加了大量成本。

永锋集团智控中心的建设，核心就是要解决数据有效利用的问题，让数据尽可能透明和实时联通，全厂、全流程数据在统一平台上流动、汇聚，直接为智能应用与各级人员管控决策提供数据支撑。

根据高管介绍，永锋集团智控中心每天所产生的数据大约有 15 亿条，能够有效利用的数据大概有 30%。这个数字听上去不是很高，但上游工业企业的平均数不过 5%，永锋集团 30% 的数据利用水平，已经是行业平均水平的六倍。进一步畅想，数据利用水平还有超过一倍的提升空间，智能制造提升的空间仍然相当大。

面向未来，新智造是制造业发展的必由之路，是从"头脑"到"四肢"多方面的转型升级，不是一朝一夕就能够完成的，需要企业长期的投入和坚持。在这一领域，中国在全世界都具有极强的竞争优势。

放眼世界，中国有着巨大的统一市场以及广阔的经济腹地。生产要素和产品能够成本极低地在全国范围内流通，欧盟和美国都很难做到这一点。14亿人口的超级统一市场是中国经济的定海神针。

回顾改革开放的历程，中国经济高速增长离不开多梯次、宽领域、全链条的制造业基础，40多年间，中国完成了全球最庞大的工业化建设，拥有全产业链的完备生产体系。当今在全球的任何一个角落，家具、家电、服装、手机……中国制造几乎已经无处不在。但在未来，中国制造要想顺利实现转型升级，一定要高度重视汹涌的智能化浪潮。

新消费

要想实现高质量发展，从而实现中国式现代化，核心是创造增量。增量又分为两种，一种是"硬增量"，比如上文提到的新基建、新能源、新智造；另一种是以消费服务业为代表的"软增量"，当内卷叠加内循环，消费将成为穿越经济周期的新抓手。硬增量常常吸引眼球，软增量则长期为人所忽视。事实上，这两者互相作用，共同构成了中国经济的未来。

当前中国的新消费格局，呈现出多元化的态势。一方面，波司登推出五六千元一件的高价羽绒服（2023年我去欧洲考察，在机场看到很多波司登的广告，十分夺人眼球）。另一方面，五六十元一件的军大衣同样大行其道。两者在物理功能（御寒）上相差无几，军大衣通过社交媒体的渲染，还更多出一层时尚色彩。

两相对比之下，足以发现，未来的商业创新不再是讲故事、编概念，关键是你有没有锚定消费群体，能不能真正贴近消费者、尊重商业规律。

我认为，在过紧日子的大形势下，中国的"优衣库""无印良品"会大量出现。拼多多的逆袭、快时尚希音（Shein）的风靡即为明证。

以希音为例。希音最强大的核心竞争力，其实就是对供应链的高效重组和强大的数字化能力，使其做到了极致地"快"，能够迅速匹配潮流的转变，实现从用户到生产端的反向定制。希音成功的背后，是珠三角40多年打造出的世界最强大供应链的支撑，以及大数据和智能化在商业实践上的应用，这是一个很有认识价值的案例。

新消费不仅改变了中国，还正在改变世界。中国的跨境电商正在全球范围内掀起风暴，希音、TikTok Shop、速卖通、Temu这"出海四小龙"，正带着中国成熟的互联网模式、强大的供应链和创新的管理方式，在全世界纵横捭阖。

很多人都有一个误区，以为欧美发达国家有多么先进，其实英国现在的光纤入户率只有8%，直到2017年，移动支付才超过现金和信用卡支付，成了英国最常见的支付方式。我在2023年去欧洲考察时，手机天天断网，特别是在英国，网络通畅程度还不如我国的西藏。

不比不知道，中国通信交通基础设施之发达远甚欧美，而且在应用层面的创意和玩法，中国同样在全世界首屈一指。

新消费的另一个规律，是消费重心将不断从商品消费向服务消费转移，随着交通条件改善和数字化时代的到来，人才、资金、技术等高级生产要素的自由流动将成为现实，不局限于固定办公场地的数字游民会大规模出现。

与此同时，衣食住行、教育医疗、文旅康养等生活要素的流动,同样蕴含着巨大的红利。

这种红利,我把它总结为三"生"有幸,即生意、生活、生命三者的统一:在生意上分工协作,在生活上丰富多彩,最终为生命创造价值。大健康、文化旅游、体育休闲、美丽经济、银发经济等领域蕴藏着巨大商机。

总结"四新",最核心的关键词就是科技创新。科技层面的颠覆式进步是经济体得以穿越周期的原动力。在未来的大国博弈中,科技是重中之重,一个国家在科技领域的综合实力,很大程度上决定了其在国际权力格局中的位置。

具体来说,科技创新分为原发性创新和应用性创新。在原发性创新方面,美国仍然具有极强的领导力,即使当下美国面临严重的政治危机。在某种程度上,只要经济体系上的优势仍然存在,美国就依然是全球科技创新灯塔。而在应用性创新方面,中国可以说独步天下。我在硅谷与很多美国科学家交流时,他们讲到,美国的原发性创新像受精卵,而中国齐全的产业体系、产业配套和工程师红利就像是天然的卵床。两者结合,经过着床、孕育、怀胎、分娩的一系列过程,才能形成最终的产品。

同样,在一切经济竞争中,最根本的竞争是市场机会的竞争,只有嫁接到市场，技术才会产生价值。任何一项高新技术都需要通过市场应用来完善，需要通过规模应用来成熟。中国 14 亿人口消费升级和产业转型的巨大需求，是引导创新的"中国动力"。

尽管人口红利日趋下降，劳动力成本上升，但中国是全球唯一拥有联合国产业分类中全部工业门类的国家。完整的产业链体系、巨大的市场优势、丰富的人力资源储备，为中高端制造业的发展提供了有利条件。关键是立志投身这一片天地的年轻人，能否在改变命运的追求之外，树立起改变世界的使命感和创新精神。

车轮上的民族

作为中国高质量发展的历史性契机，"四新"的涵盖面十分广阔，很多传统产业转型升级的密码都蕴藏其间。但如果四水归堂，给"四新"找一个具象的载体，我认为很可能是汽车。

回顾历史，美国之所以能成为世界强国，一个重要契机就是汽车。福特发明的流水线生产模式，一夜之间把汽车从奢侈品变成大众消费品，当那些蓝领工人、乡村人都能买得起汽车时，美国成了名副其实的"车轮上的民族"。

随着福特汽车的问世，一间房、一辆车、一条狗、一份体面工作的美国梦,成了全世界很多人的梦想。

汽车普及化的深远影响,不仅体现在消费端,它还倒逼整条产业链上的工业产品生产标准化、批量化,这极大促进了美国整个工业体系的完善和发展,带动了美国工业产值的提升,使美国迅速实现现代化,成为全球第一强国。

时光荏苒,历史的聚光灯转向中国。中国近几年在世界影响巨大的新经济代表,除了新基建外,新能源领域也有多个方面世界领先,其中新能源汽车已超过日本成为世界第一,汽车行业正在展现出前所未有的影响力。

这里讲个故事。我的一个学生,10年前曾是经营汽车4S店的老板。暌违多年,他近日来拜访我,聊天中提出了一个很有意思的观点。

他在大学读的是汽车专业,后来也从事汽车行业。多年的行业经历,曾让他坚定看衰中国在汽车赛道的发展。

在他看来,德国的汽车体现的是其上百年的工匠精神,在材料、精密加工、发动机等核心部件方面,中国与之差距极大;英国作为工业文明的肇始之地,虽然比不过德国,但在绅士精神的熏陶下,也形成了英式汽车文化,其代表品牌有劳斯莱斯等。

再比如意大利，盛产浪漫的艺术家，所以产生了兰博基尼，有艺术气息；后来日本靠着严谨、拼命的精神，经过几十年的模仿和学习赶超，生产出了极富性价比的日系车；美国固然在精品上没法跟这几个国家比，但平价汽车做得风生水起，汽车也成为其一大经济支柱。

相较之下，中国一来发展时间短，二来行业技术积累差距极大，所以他一直持悲观态度。但没有想到，智能汽车和新能源汽车的出现，让汽车行业发生了颠覆性变化。短短10年间，中国汽车行业快速崛起。

中国把握住了这个历史性的机会，不是弯道超车，而是换道超车，现在中国的新能源汽车保有量已经稳居世界第一。2023年上半年，中国汽车出口量再次位居全球第一。这是中国汽车工业发展过程中非常重要的一刻。40年前我们用市场换技术，今天我们向国外输出产品。新能源汽车出海，无论从增量上还是从占比上看都非常重要，新能源汽车正在成为中国汽车出海下一阶段的主力军。

这种换道超车，正广泛体现在几乎所有涉及新能源的赛道上，中国在这一领域占据世界高点，已经是毫无疑问的现实。

当前汽车行业正处在电动化和智能化上下半场的交界处。还记得三年前,智纲智库服务一家全国领先的豪车经销商,我曾郑而重之地提出,未来将是新能源汽车的时代,汽车经销行业将发生颠覆式变革,一定要提早做准备。从现在来看,当时极为激进的预判,竟还是显得有些保守。行业剧变的速度之快,令人始料不及。

未来的汽车,将不仅仅是交通工具,更是承载人们美好生活的重要场景。无论是新基建、新能源、新智造还是新消费,都将在汽车这一行业的上下游得以充分呈现,大量传统行业都将依托汽车实现转型升级。

在全世界目前人均 GDP 达到 1 万美元的国家中,发展中国家的汽车保有率大约为 40%,发达国家为 60%。中国已经超过了人均 GDP 1 万美元的基点,但现在中国的汽车保有率是 21%,离 40% 距离甚远,更不用谈达到发达国家的水平。这一巨大的市场空间一旦释放出来,足以填补房地产所导致的缺口。

在房地产总量绝对过剩的未来,尤其对年轻人来说,买房子已不再是一个必选项,有的年轻人不愿意为了钢筋水泥的房子背负沉重的生活压力,有的在上一辈的不懈努力下手握多套房,更有的追求一种不被两室一厅、格子间所限制的数字游民生活。

可以预想到这样的未来，年轻人将对美好生活的期待转移到汽车这一场景中，每天游历名山大川，边工作、边休闲、边享受人生，原来是"车到山前必有路，有路必有丰田车"，彼时是"车到山前必有路，有路就有新生活"。大量原本依附房地产的行业，可以改弦易辙，将产品、设计和服务移植到汽车这一场景中来。彼时的中国，也许会成为全新的"车轮上的民族"。

在可预见的未来，新技术迭代将带来前所未有的科技革命，与之结合的新应用场景一旦出现，将连带引发不可想象的商业前景。

如果说"四新"改变中国将是未来的大趋势，那是不是意味着除了这些领域之外，其他领域就没有前途了呢？当然不是，回到"三因"理论上来，对绝大多数企业来说，能不能把自己手头的工作做好，把当下的客户服务到位，直接决定了企业能走多远。

小说《遥远的救世主》里有一首小词，让我印象深刻：

本是后山人，偶做前堂客。醉舞经阁半卷书，坐井说天阔。
大志戏功名，海斗量福祸。论到囊中羞涩时，怒指乾坤错。

作者借小说主角丁元英之口，称量世道人心，用笔辛辣又不乏理趣。"坐井说天阔"的意气风发和"怒指乾坤错"的无能狂怒形成了鲜明的对比。格局的大小，终究不在嘴上，而在事功。尤其对年轻人来说，把握大势和抓住眼前并不矛盾，甚至后者更是前者的基础。切忌变成那种天上知一半，地下全知道，各行各业无所不通，最后真做起事来，却挂一漏万、贻笑大方的人。社会上有很多这种人。还有的人看着很聪明，精明强干，也不甘于被命运摆布，不停地学这学那，看起来很勤奋，但到了最后尘埃落定的时候，却发现什么都没有改变。这样的人就是"知道分子""书橱"，纸上谈兵可以，但知行不能合一，实际上并未真正掌握"道"，甚至可以说是并未真正"知道"（而且不知道自己不"知道"），做了很多表面光鲜的努力，却对真正有价值的事情无感。通向罗马的是脚下的道路，而非听过的道理。一个人只有将认知内化为成长的基石，在实践中学习实践，才能逾越"知道"和"做到"之间的鸿沟，变成知行合一的人。

- 所谓格局，就是小道理服从大道理。

- 对于如何把握住天下大势并为我所用，这些年下来，我总结出了一套简单却有效的方法论——三因理论：因时制宜、因地制宜、因人制宜。

- 看清时势的人或许不少，但不为眼前利害所动、敢于及时止步转型的人实在太少。

- 政府经营环境，企业经营市场，民众经营生态。三者各居其位，各谋其政，各尽其责，不越位，不过界。

- 得"四新"者将得天下。对年轻人来说，在可预见的未来，这四个方向也蕴藏着巨大的机会。

- 格局的大小,终究不在嘴上,而在事功。

- 通向罗马的是脚下的道路,而非听过的道理。

第三章

成事

世界上看起来相互不关联的东西，其实都是关联的，关键看你有没有能力把它们打通。

纵观古今中外，但凡有大成就者，必有大格局。

我的助理小窦，曾经问过我一个很有趣的问题："王老师，你行走江湖这么多年，见过的成功者不计其数，他们有的学养极高，有的目不识丁；有的言辞张扬，有的讳莫如深；有的是潇洒随性的浪子，有的是一丝不苟的包工头；有的是谦谦君子，有的是厚黑枭雄。真可谓千姿百态，千奇百怪。你能否总结出这些成功者身上共同的特点呢？"

对此，我总结了三点。

第一，**大凡成功者，往往都深谙人性**。不管其文化程度如何，哪怕没有读过一天书，其智慧与阅历一定有过人之处。他们之所以能战胜一个又一个对手，肯定在一定程度上进入了"世事洞明皆学问，人情练达即文章"的境地。面对复杂多变的时代环境，从某种意义上说，他们是一群穿梭在灰色领域或复杂迷宫中的先行者，对人性的熟稔是他们得以成功的必备条件。

第二，大凡成功者，往往极其渴望成功。当旁人都感到疲惫时，他们总能精神焕发，仿佛不知道累一样。当旁人都感到满足时，他们却绝对不满足于现实，总是敢于进行创造性破坏。这并不是说他们的身体比常人好多少，而是其澎湃的野心支撑着肉身的躯壳。他们之所以能够屡败屡战，跌倒后又爬起来，是因为他们心中始终燃烧着常人难以理解的对成功的渴望。

第三，成功的领袖往往并不是最有才能的人，无论从机智谋略来看，还是从文才武功乃至权术机心来看，总有比他们更优秀的人，他们之所以成为领袖，往往是因为他们有超乎常人的宏大格局。

深谙人性、渴望成功和宏大格局，这三者是什么关系呢？打个简单的比喻，所谓成功者，皆是以对成功的渴望为烈火，以人性冷暖为熔炉，最终锤炼出宏大格局。

当然，我们必须承认，格局和审美一样，很大程度上源自天生。毕竟这个世界上有两种人不是培养出来的。一是父母，二是领袖。父母不能培养，虽然市面上有很多育儿类读本，但父母当得好坏，还得靠自己摸索。领袖同样不能培养。杰出的领袖往往具备某些天生的特质，神闲而气静，智深而勇沉，泰山崩于前而色不变，麋鹿兴于左而目不瞬，这种特质并不是每个人都有的。

但这是不是意味着普通人就毕生与大格局无缘了呢？我以为并非如此。

多年来，我一直是方法论的拥趸，看到任何问题，总是喜欢分析、思考问题背后的本质和解决方案。在近 40 年的实践中，也总结出了我所理解的格局修炼方法。尤其是在成就事业这一层面，我更是见过无数成功者和失败者的案例，从他们身上总结出来的规律，或许对你有所裨益。

读书、读人、读世界

<u>读书是智慧，行走是阅历。你读过的书、走过的路、遇过的事、见过的人，共同构建了你的人生格局。</u>

因此，我一生都秉承着"读万卷书，行万里路，历万端事，阅万般人"的哲学，不断地开拓新的领域，永不停歇地在实践中"读书、读人、读世界"。

我是一个爱读书的人，贯穿我一生的习惯，莫过于读书。

这个习惯是怎么养成的呢？可能跟我小时候的家庭环境和启蒙教育有很大关系。传统上，很多中国家庭是"耕读人家"，注重"诗书传家"，而且很多人都相信"富不过三代"。人们认为，要想使家业能够传承下去，就需要子弟们有足够的知识，所以大都强调"耕"和"读"——忙的时候就耕，闲的时候就读。这就是诗书传家。

但凡中国传承下来的家族，其香火鼎盛的背后是文化的传承，这些家族对文化都倍加尊崇。在这一点上，我非常感谢我的父母。虽然他们没有给我什么遗产，但帮我养成了读书的习惯。我小学二年级刚刚认字就会读书了，从小学二年级到五年级，也就是到"文化大革命"前，我读了几十本小说，比如《红岩》《烈火金刚》等，还有高尔基的人生三部曲《童年》《在人间》《我的大学》。政治运动期间，学校停课，我经常翻墙入院，到尘封的图书馆中找书来读，在那里我发现了很多古代的通俗小说，比如《七侠五义》《隋唐演义》等。

14岁的时候，我读了一本《郭沫若自传》，很震撼。他讲自己七八岁的时候就有了性冲动，看到堂嫂的手，很想过去触摸。我当时想郭沫若怎么把这都写了出来，后来长大了才明白，在那个年代（郭沫若写新诗的年代）这是一种时尚，但我当时不懂。这些东西在我成长的过程中，起码给了我一种很重要的思想滋润。

在闭塞的大山里，书报是我了解大千世界的窗口。父亲每天带回家的三份报纸（《参考消息》《文汇报》和《贵州日报》），让我从很早的时候就意识到，世界之大，远不止这个小山坳里的县城。年龄稍长后，我在县女篮当教练，当时的篮球训练都是采用苏联的模式，直到偶然间我看到了一本书——《美国篮球训练法》。当时没有电视，但只是单纯看那些图片，便让我大为震惊，感觉就像原始人在看外星人练球一样。

我极力建议年轻人多读一些和专业无关的书，比如唐诗、宋词、汉赋之类的书，不仅要读，还要背诵。理解不了没关系，囫囵吞枣记在脑子里，随着阅历的增长和视野的开阔，总会有和大千世界相互印证的时候。

一个有传统文学积淀的人和一个胸无点墨的人，即使看似都行走在同样的风景之中，他们思想的深度、广度、关联度却是绝对不一样的。有一次，我遇到一位江西老板，他问我去过赣州没有，我马上想到辛弃疾的"郁孤台下清江水，中间多少行人泪。西北望长安，可怜无数山。青山遮不住，毕竟东流去"，并随之联想到很多东西。我到湖北，站在赤壁下面，皓月当空，随之想起苏轼的"清风徐来，水波不兴。举酒属客，诵明月之诗，歌窈窕之章"，以及"明月几时有，把酒问青天，不知天上宫阙，今夕是何年"……小时候背的东西会使你对山川地貌、历史景物的感受跟别人完全不一样，这种体验和收获绝对是有钱也买不到的。

除了对山川地貌的吟咏，诗词同样寄托了中国人最丰富的情感。虽然技术进步很快，但人性的进化很慢。随着人生阅历渐长，总会有那么一些时刻，或暗生情愫，或豪情满怀，或登高临远，或欢聚一堂，或羁旅天涯，或依依送别，或午夜梦回，或华发悄生，会让你触景生情，那些年少时吟咏的千古名句，会如同电光石火般映入脑海，让你发思古之幽情，心境得以升华。这便是读诗最大的乐趣。

1978年考大学的时候，我原本想考北京大学新闻系，但因为新闻系调整到了中国人民大学，我后来辗转到了兰州大学读政治经济学。刚开始我非常恼火，根本不想学，而且一听说兰州，就想到了"羌笛何须怨杨柳，春风不度玉门关"，觉得不寒而栗。

这的确是我真实的心灵感受，到了兰州以后物质生活、精神生活极其匮乏，只好老老实实读书。当时的兰州很闭塞，教学全部采用苏联式教学方式，办法就是读原著，一读读得我死去活来，读得我天门大开。

当时我在兰州大学读了两年《资本论》，最后围绕《资本论》还学了30多门辅助课程，比如西方哲学史、经济思想史、科学社会主义史，等等。

两年下来，我读了七遍《资本论》。我觉得这是我这辈子最大的收获。读第一遍的时候，十分头疼，感觉马克思在故意整人，《资本论》简直是天书，根本读不懂，概念太多、逻辑复杂，而且他特别喜欢用典，《荷马史诗》、《伊索寓言》、莎士比亚的戏剧等，逼得我把从古希腊到文艺复兴的相关资料都要看一下。再读第二遍，感觉马克思就像个超人，知识怎么这么丰富，信手拈来。到了第三遍、第四遍、第五遍，就渐入佳境了。

我岳父是一位老革命、老共产党员，早年毕业于燕京大学，一生手不释卷、笔耕不辍，他还是一位功力深厚的马克思理论研究者。他虽然是我的长辈，但我们也是一对"冤家"。他读《资本论》读了20多年。后来我说他读《资本论》简直到了"非礼勿视，非礼勿听"的地步（认为凡是毛泽东、马克思没有说过的就不能做，凡是他们说过的就可以做），这就是读死书。我学习马克思的《资本论》，不是把它当作圣经来读，而是在与伟人平等地对话，学习他解剖和分析问题的手段和方法。马克思主义活的灵魂就是方法论，毛泽东也非常重视方法论。

我从30岁到60岁，一直是我岳父最好的聊天对象。我们相互的交流、争执和碰撞不知凡几，对我影响深远。老爷子的人品非常方正，常怀对劳苦大众的悲悯之心，更难能可贵的是，他能够直言不讳，对我的所作所为提出建议。在长达几十年的砥砺过程中，我发现在原来学《资本论》的时候自己以为已经掌握的很多东西，其实是不严谨的，是他的严谨帮我夯实了基础。他就像一块厚重的磨刀石，将我这把刀磨得更加锋锐。我最终"读出了另一个马克思，读出了另一本《资本论》，而不是书本上的东西"。

对我来说，马克思主义最宝贵的不是结论，而是方法——剖析问题、解决问题的方法。对我影响最大的，一是看世界的方式应该是"立体的、多元的"，这是避免"抓住一点，不计其余""只见树木，不见森林"等问题的根本；二是辩证唯物主义和历史唯物主义的分析方法，这个方法指导了我后面几十年的人生。

无论从事新闻还是策划工作，出差总是难免的。我在精力还算旺盛的那些年里，很多策划项目都要亲力亲为，每年乘飞机超过150次。乘飞机的一大弊端，就是从候机、起飞再到落地，有大量无事可做的空闲时间。为了充分利用这段百无聊赖的时间，也为了排解等待的沉闷，我逐渐养成了在机场和飞机上读书的习惯。

久而久之，机舱成了我的书房。每次乘飞机，我或是自己带书，或是在候机楼的大小书店转一圈，买上一两本中意的新书带上飞机。我在那个时候的视力和体力都远甚于今，阅读能力也很惊人。

在三四个小时的飞行时间内，我往往要粗读完一本新书，再加上两三本杂志、四五份报纸，才算心满意足。如果碰上国际长途航线，就更了不得了。在乘飞机从新加坡返回北京的六个小时中，我一口气读完了关于李光耀的两本传记；在去美国考察的航班上，我硬是趁着别人倒时差的工夫翻完了星云法师的三本书，了解了佛教在我国台湾乃至美国大行其道的台前幕后，直至飞机落地才恋恋不舍地合上。

更有意思的是，每当环顾四周，我总能发现像我一样手不释卷的人，而且不止一个，几乎整个头等舱的乘客都在阅读。每个座位上方的阅读灯都开着，乍一看仿佛回到了兰州大学的自习室。那真是纸媒阅读的黄金时代。

新故相推，日生不滞。近10年，移动互联网蓬勃兴起。仿佛一夜之间，人们突然进入了电子阅读时代，手机也成了最常见的阅读工具。人们的阅读习惯发生了几千年来最为剧烈、深刻的变革。

我也慢慢发现，身边读书的人越来越少，去书店很难找到中意的书。随之而来的是，熟悉的书店纷纷关门，书越来越少，杂志越翻越薄。纸媒这座大厦，从固若金汤到摇摇欲坠，总共也没花上10年。

时代的车轮滚滚向前，不管你愿意还是不愿意，阅读终究是进入了电子时代。许多人一方面对着纸媒"哀其不幸，怒其不争"，另一方面回到家里也不得不拿起手机接收讯息，成为他们自己所批驳的"浅薄阅读者"中的一员。

在这场数字化大潮的冲击下，我恍然发现，自己渐渐地也不怎么带纸书了。纸书阅读成了一件辛苦又奢侈的事，它需要足够充裕的时间、沉静的心态、平和的氛围。而我们生活的时代，每天睁开双眼，打开手机就是铺天盖地的各种讯息，想要完整地读完一篇文章都很困难。唯一能做的，只能是在信息爆炸的过程中撷取一两篇精华文章，再利用碎片时间匆匆瞥一眼。

这些年来，我一直在思考一个问题：人们阅读方式的变革究竟是好还是坏？信息井喷时代，资讯唾手可得，获取知识的门槛早已不在。作为知识的载体，书随之也被拉下神坛，神圣性自然也消失了。这是一个时代的挽歌，却也是文明进步的代价。

与之相对应的是，新的阅读方式带来的知识获取效率比以往高出成百上千倍。与我们那一代人年轻时的知识贫瘠形成鲜明对比的是，现在的孩子可以足不出户眼观世界，千年历史一朝看尽，手指轻轻一点，天下风云尽在眼前。科技的、人文的，所有他们想了解的人类文明最前沿的东西，通过电子阅读几乎都可以很便捷地获得，这实在是一种极大的飞跃。

不光是阅读，信息时代的传播方式也发生了改变。在知识领域，原有的权威体系被打破了，写作发声、观点输出和信息传播不再是权威人士、传统媒体的专利,取而代之的是人人都可以当作家,人人都可以运营自媒体,这未尝不是一种社会进步。无论如何,一个全新的时代到来了,不管我们有没有准备好,都要张开双臂拥抱它。

读书很重要,但不是全部。一个人或许能从书中学到一些格局方面的东西,但更多深层次的东西,则需要在实践中感悟,甚至是顿悟。

<u>读书是读有字之书,而一个人的阅历和见过的世面,却是无字之书,更难读,但读通、读透后的收获也更大。</u>这就是所谓"十年修成一个举人,十年修不成一个江湖"的道理。

我曾经见过很多知识分子,一辈子在鸡毛蒜皮的小事上斤斤计较,眼前的小算计、小争斗、小悲欢就是他们世界的全部。在我看来,这些仅仅是茶杯里的风波,是远不足以助人驾驭一生的风浪。

早在新华社的时候,我就以写"大稿"闻名。所谓"大稿",最大的特点就是眼光高、格局大、看得远、大开大合、气势宏伟。谈城市,常从全国着眼;谈行业,常从时代出发;谈未来,常从历史开始。一篇读罢,胸襟为之开阔,头脑为之激荡。

一些记者同事曾向我请教是怎么写出这些"大稿"的。我说,新华社总说写文章要把握大局，你们知道什么是大局吗？有着上下5000年文明的纵横960万平方公里的泱泱华夏，你们用脚步丈量过吗？你们知道大漠的万千气象吗？知道丝绸之路的亘古悠长吗？知道长江流域、黄河流域、珠江流域的异同吗？知道全国各省的风土人情和个性特点吗？这些都不知道，哪来的广阔视野、深刻洞察和家国情怀？又怎么可能做到笔下风云起呢？

当然，光做到这些还远远不够。无论记者还是策划人，都可以算是广义的知识分子。那么，究竟什么是知识？我认为最起码包括"知道"和"见识"两部分。绝大多数人口中的知识，仅仅停留在"知道"层面。"天上知一半、地上全知道"的，精通"回"字四种写法的，充其量只是"知道"分子罢了。

在今天这个信息爆炸的时代，一天产生的信息量远超过去100年的总和。信息的裂变和爆炸深刻影响了人们的生活。信息的传播渠道和储存手段也发生了翻天覆地的改变，"知道"分子只会越来越像两脚书橱，难以跟上时代。<u>知识分子自我进化的关键在于"见识"，即"知行合一"。</u>

以我自己为例，我原来当过学者，也当过新华社记者，最后下海从事策划行业之后，才算是真正走在了"知行合一"的路上。我当记者的时候，自恃有才华，青春作赋，很多建议受到了中央的重视，包括关于特区的完善，关于沿海和内地、中央和地方的关系的处理等，当时也觉得自己是个专家了，但等到 30 年后回头看，才为自己的浅薄感到汗颜。"纵使文章惊海内，纸上苍生而已。"我自认为通过调查研究、深思熟虑得出来的建议，其实离成熟的方案还有很长一段距离——理论上正确的东西在实践中可能会变样，微观上成立的现象推广到宏观上可能会酿成灾难，播种的是龙种长出的有可能是跳蚤。我的印象很深，当时一位领导曾说过一句话，大意是，学者总想使他的研究成果被政治家采纳，从而流芳千古，而政治家却要为后果负责任。<u>唯有知行合一，知识分子方能摆脱固有的局限性。</u>

在下海后，我用了整整 10 年的时间，去补上市场这一课，对人性的阴微之处有了更加深刻的理解，才堪堪敢说自己"读世界"的进益又多了一分。

如今再回首时，当年新华社的老同事大多已退休，每天的工作就是抱孙子，而我依然行走在第一线，思考最前沿的趋势，解决最棘手的问题，继续"读书、读人、读世界"这项永无止境却乐在其中的工作，也算无愧平生了。

少年、记者和学者

作为一家咨询公司的掌门人,培养年轻的咨询师也是我的重要工作之一。我常常对智纲智库的年轻人说,想要成为优秀的咨询师,要用"少年""记者""学者"来要求自己。这三个身份不仅对咨询师有用,对所有想要成事的人来说,也有借鉴意义。

首先,要像少年一样对生活有兴趣与好奇心。

人生就是对自己感兴趣的事物不懈追求,不断攀登,不断超越,从而领略沿途美景的一个过程。是否登顶珠穆朗玛峰并不重要,关键是不懈追求的精神和不断攀登的过程。只要一个人每天都像天真的孩童般充满了对世间万物的好奇心和探索的欲望,他前进的动力就永远不会枯竭,他会永远渴望新的高度,永远追求无人涉足的风景。就像西天取经的孙行者那样,经过千山万水,经历千难万险,始终义无反顾、勇往直前。

不同的人追求不同的人生。有的人追求平淡一生,有的人甘愿残喘余生。我们却选择在不断的攀登中充分燃烧自己，纵然有可能被抛下万丈悬崖，纵然有可能被惊涛骇浪吞噬，我们仍无怨无悔。

诚然，探索有很大的风险，搞不好探索者就会摔跤，就像登山一样，有时甚至会遭遇雪崩死掉，但探索者的追求却会长留天地之间。即使最后由于某种原因导致所策划的项目夭折或者失败，但只要我们做到问心无愧，也就释然了。况且，我们的努力还可以转变成精神财富留给后人，让后人少走弯路。因此，对于一位咨询师来说，如果你感到有登不完的高山，有涉不完的大河，太阳每天都是新的，就说明你没有落伍；如果你故步自封，徘徊不前，则意味着你不是没有学到东西，就是没有东西可学，这时你该考虑离开这个行业了。

这里我想再着重说一点，年轻人一定要有敢于任事的勇气。古希腊思想家苏格拉底把勇敢看作美德之首，在面对各种各样挑战的世界之中，勇敢不仅是最重要的美德，而且简直就是所有美德的前提。

老话说，"尽人事，听天命""谋事在人，成事在天"。有些时候，个人的确难胜大势，但始终要有"胜天半子"的勇气。

从古至今，给予人类最深刻经验的，恰恰是明知不可为而为之的勇气之举。面对高高在上的神祇、权势滔天的君王、无可撼动的权威,或者风雨雷电、地震洪水等声势浩大的天灾,或者生老病死这种几乎无可违抗的规律,或者回头无路、前进无方的困境,或者四顾无人、天地无声的孤独,你究竟有没有奋力一击的勇气?

茨威格在《人类群星闪耀时》中这样写道:"在命运降临的那个伟大的瞬间,平凡人的所有美德——顺从、小心、勤劳、谨慎,都没有一点作用。它从来都只眷顾天才人物,并且成就其不朽的形象。那些犹豫不决、唯唯诺诺的人,只会被命运鄙视并且拒之门外。命运——这掌管世间事物的另一个神,他强壮有力的双臂只愿意高高举起勇敢者,将他们送上英雄的殿堂。"

毕竟除了勇敢,人类其实什么都没有。

其次,优秀的咨询师要像记者一样行走和思考。

一个真正成功的记者,不是读新闻学就能造就的,他必须有哲学的头脑、经济学的眼光、史学的知识、社会学的背景,必须关注时代走势,探寻人生哲理。

几十年来,我一直保持着一个习惯,每到一座新的城市,先买一份当地的地图,通过地图了解这座城市的身高、四肢和面貌;

然后买齐当天所有的当地报纸，通过当地报纸了解这座城市的话题、近况和氛围；最后找当地的特色小吃，通过"嘴尝"解读这座城市的性格、内涵和文化。就像把这座城市当成一位新的朋友，运用工作室特有的望、闻、问、切与眼观、脚量、嘴尝、心想等方法去接触、去认识、去解读。

纵横中国，工作、生活、学习、旅游，叠加在一起；吃喝住行、游山玩水、休闲娱乐，皆为体验和感受。市场是用脚走出来的，市场是用嘴巴尝出来的。对我们来说，策划就是生活。我们在做好项目的同时饱览了祖国的壮丽风光和大好河山，久而久之，"朋友"满天下，"知己"遍世间，岂不快哉？

过去，我在新华社专门从事宏观经济报道，采访过不少政府官员。当年形成的独特思维和角度，常常吸引那些被采访者，使采访变为一种更深层次的对话。后来，改做策划，做记者时的那些阅历和对中国经济的深刻把握，更显示出特有的价值。

文以载道。做咨询师，不但要有良好的口才，还要有优美的文笔。写文章一定要大气，切忌就事论事。我常说，写大题材的作品，框架需要有足够的伸缩能力，那些即使超出了框架但很有启发性的东西也要能容得下。千万不要削足适履，更不要扬东海之波以注其杯，把自己的杯子当作容器，漫出来的都不要了，最后只剩下一小杯。要有襟三江而带五湖的气概，才能挥洒自如。

最后，优秀的咨询师应该像一位严谨的学者，对资料的选用要坚持史学家严谨与冷峻的态度。

作为一名策划人，我们经常需要对一件事情进行全面、深入的了解，这时对所有的资讯和信息一定要用严谨的、理性的甚至近乎苛刻的态度去审视、筛选和沉淀。然后，再根据所掌握的情况为一个企业、一座城市提供正确的解决方案。在这个过程中，我们搜集到的信息经常是多而杂、繁而乱的，如何在多、杂、繁、乱的资讯中整理出准确有用的信息，从而理清脉络，找准命门，为客户提供正确的"解决之道"，这就需要我们时刻进行理性的思考和科学的辨析。

渊博的学者常常博晓古今、学贯中西，而要成为一名优秀的策划人则必须有学者般超强的学习能力。学习知识有多种途径，书本只是其中一种，更重要的是在实践中阅读社会这部大书。20年后对同一本书的感受会因阅历的不同而大相径庭，因为此时你对社会有了更深刻的感悟。

优秀的咨询师还要像刻苦的学者那样，不仅要大胆假设，更要小心求证。通过科学的方法、严谨的论证和经验的判断，一旦得出结论,我们就要掷地有声,不能有半点犹疑。我们不但要为自己的结论负责,而且在得出结论后还必须足够坚定,必须让别人知道我们的信心所在。假如连我们自己都模棱两可、不置可否,别人怎么敢调动几十亿元甚至上百亿元的资金,按照我们的方案来操作?

行万里路的终点,是形成自己的见识。此处所言的见识,不是浮光掠影、走马观花的印象,而是"世事洞明皆学问,人情练达即文章",是在读万卷书、行万里路、历万端事、阅万般人的征程中不断积累与沉淀下来的智慧。在生活点点滴滴的细节里探寻智慧,用心体察世界,细心观察生活中的学问。不仅要懂得关注,更要善于剖析,善于辨别,久而久之,就会具备优秀咨询师应当具备的基本素养,包括丰富的阅历、深厚的理论、睿智的头脑、灵敏的感官、锐利的眼光、奇特的联想、悬河的口才。你一旦拥有了科学理性的工作态度和处世哲学,就可达到"精神到处文章老,学问深时意气平"的境界了。

人生最难的是做"减法"

前些天,我看到一个令人印象深刻的视频。一个女人哭泣着说,原先老公是企业高管,年薪百万,他们认为这就是生活的常态,并以此为基础规划人生,买价值千万的豪宅,孩子上国际学校,一家人过着优越的中产阶级生活,披着精英的外衣站在亲人朋友面前。没想到一夕之间,老公失业,只能跑滴滴,每个月赚5000元。作为全职主妇的妻子,感觉到世界在眼前崩塌,房贷的压力和孩子昂贵的学费,压得他们喘不过气,又不知道明天在哪里,痛哭失声。

这样的故事并非个例,尤其在经济整体下行压力较大,一些传统行业遭遇历史性低潮的时候。以房地产为例,我曾经接触过不少年薪百万的高级职业经理人,在房地产的黄金年代,他们一个个风光无两,领着高薪,出入上流场所,谈论的都是宏图大志。房地产的上下游行业如规划、设计、园林等,也是过得风生水起,甚至有一家规划公司一度扩招至上千人规模的盛况,真可谓"酾酒临江，横槊赋诗，固一世之雄也"。

如今他们失业的失业，下岗的下岗。尤其那些人到中年的高管，焦头烂额，苦不堪言，房贷以及家庭的各种开销像山一样压在胸口，每天早上醒来，洗一把脸后，竟不知道何去何从。还有一些泡沫老板，开着奔驰车却加不起油，公司债台高筑，却依然要维持自己奢华的生活，直到最后崩塌，躺平了事。这样的故事，我见得听得太多了。

遭遇滑铁卢的人生，他们究竟错在了哪里？我认为，他们错在被时代娇惯得太久，模糊了进与退、行与止之间的边界。

对中国而言，过去几十年，是一个高歌猛进的扩张期，经济在扩张，技术在扩张，企业在扩张，消费在扩张，欲望也在扩张。我们身边的一切几乎都是基于扩张逻辑安排的，我们也习以为常地按照扩张的逻辑规划人生。

很多人潜意识里认为，世界是不停进步的，生活是不断充盈的。他们没有经历过经济的下跌，没有感受过安全的缺失，每个人开始按照自己收入的增长速度规划人生，原来有小房子的要换大房子，挤公交车的要买车，他们中间充斥着一种浮躁的乐观情绪，都以为"明天会更好"。

事实上，纵观人类的发展史，进步、停滞、衰退乃至大崩盘，都可能是时代周期性的主题，哪有什么常态和永恒，"明天会更好"不过是一个美好的愿望。<u>关键是你有没有形成自己立身处世的原则，从而具备穿越周期的定力。</u>

作为一个年届70岁的老人，我在最近突然学会一个新词，叫"人生赢家"。不少和我一起打球的老板都说："王老师，你才是人生赢家啊！"

问了问身边的年轻人，我才知道这个词的含义。同时我也感到很奇怪，这些老板一个个身家丰厚，受人尊崇，买私人飞机的都不在少数，为什么突然开始羡慕起我的生活来了？详细了解后我才明白，在这几年经济下行压力大的背景下，这些老板一个个左支右绌，艰难度日，曾经的潇洒和快意早就被抛到了九霄云外，只剩下一把辛酸泪。反观我王某人，20年前什么样，10年前什么样，现在依旧什么样。

为什么我能成为别人口中的"人生赢家"呢？原因其实很简单，只不过是我知道及时"刹车"，时刻警醒自己切勿成为财富的奴隶。

我曾经总结过自己：有点钱，有点闲，有点爱好，有点权。

有点钱——够花，不用看别人脸色活。霍英东说过一句话："广厦万间，夜眠七尺；良田千顷，日仅三餐。"我从来不追求物质上的奢华。

有点闲——我的时间可以自己支配，工作、生活两不耽误。

有点爱好——读书也好，打球也好，喝茶也好，有点爱好的人生不无聊。

有点权——不是"权力"的"权"，而是"权威性"的"权"，即得到社会的认可，在专业层面具备一些权威性。

这样的人生，既赚到了钱，享受了生活，又能受人尊重，保有尊严。而那些因追逐财富最终走向毁灭的人，恰恰是把财富当成唯一的目标，并为此牺牲了幸福，甚至生命。这样的故事，尤其是在今天，我见过的数不胜数。

那么具体该如何知止呢？简单来说，就是一定要有原则，而且一定要坚守原则。以我为例，这么多年下来，我与客户合作时，一直坚守以下五个原则。

第一，有独立的人格，有强烈的尊严意识。我从来不是任何人的附庸，也不看别人脸色行事。俗话说"人不求人一般高"。对自尊心极强的我来说，求人是一件天大的难事。在创业后，我对求人一事，更是深恶痛绝。和客户打交道，一直是"君子之交淡如水"。项目进行期间合作融洽，项目结束后掉头就走，绝不黏黏糊糊，始终保持君子之交，保持一种若即若离的关系。

第二，同流而不合污。保持距离，不做任何见不得阳光的交易，也不接天上掉下来的"馅饼"，不把灵魂抵押给魔鬼。很多人跟我讲，真没有想到，现在居然还有智纲智库这么一股清流。说这种话的人，都是一些在污泥浊水里打滚儿的民营企业家。他们成天都在挣扎，他们骨子里、内心里渴望阳光，当阳光真正照耀到他们的时候，他们会感到自卑，反过来对我们非常敬重。

第三，价值最大化，而非利益最大化。我衡量任何事情的时候，都要考虑是不是对社会发展有所推动，是不是对行业创新有所引导，是不是能把我们的客观和主观、知和行结合后沉淀为一种正能量。让我们自己的知识通过这个过程释放出价值，这才是我们衡量事情的标准。

第四，向老板学习，教学相长。历史的机遇给我们提供了一个超级好的学习平台，我们学习的对象都是久经沙场、智慧超凡的人精，都是社会的成功人士，都是亿万富豪。如果在这样的环境中都不能快速进步和成长，那真的有点不可救药。我们只有绞尽脑汁地向老板学习，才能扬长避短，迅速地超越昨天。

第五，**抱朴守拙**。这是我对整个智纲智库的要求。坚持傻瓜哲学、阿甘精神，不装、不作假、不要小聪明小技巧，勤勤恳恳地做自己的学问和案例，用时间换空间，日积月累，从量变到质变，一步一个脚印往前走，总有一天会开出时间的玫瑰。

历史上的文人当中，我最欣赏的就是春秋时期的范蠡，我还一度想在无锡太湖边上打造一座园林，叫作"步蠡园"。这些年里，我和老板们相处的方式，也有意效法范蠡和勾践相处的方式，不为王侯将相所役，反而将其视为实现自己抱负和理想的平台的提供者。历史上的范蠡帮越王勾践复国成功以后，带着西施远走高飞，隐入烟波浩渺的太湖，优哉游哉。而他的同僚文种还跟着越王以期封妻荫子、加官晋爵，最后落得个身死的下场。10余年后，一代巨商陶朱公登场，范蠡的潇洒和通透尽显无遗。

我和老板打交道，也是一样的道理。处于危难之际的老板，几乎没有一个人愿意与穷酸文人计较，相反，还会表现出超常的气度、超常的仁慈，乃至种种超常的美德。他们甚至可以对你顶礼膜拜，甚至甘当学生、门徒，而你对他们甚至可以招之即来、挥之即去。

"飞鸟尽，良弓藏；狡兔死，走狗烹。"这是千年不变的真理。企业走上坦途之后，在左右抬轿子、吹喇叭、擦鞋者的"忽悠"之下，老板几乎都自认为是禀赋卓异、天命所归，都认为成功是必然的。此时的老板，名利要兼收：我的是我的，你的也是我的。若有"不识相者"想去分光环，大多没有好下场。<u>一定要做到知进退，知止。</u>

我常说一句话："<u>下有保底，上不封顶。</u>"做任何事情，都要<u>把底踩实了，再思考上限的问题，否则一切成就都是空中楼阁、梦幻泡影。</u>看到机会时想要搏一把很正常，但要牢记收益和风险是成正比的，巨大的收益背后必然有巨大的风险。

王氏认知金字塔

关于如何成事,我总结了三句箴言,它们构成了我的王氏认知金字塔,在这里分享给大家。

第一句:<u>世界上不是缺少美,而是缺少发现</u>。把它延伸到商业上来说,发现价值的能力,是任何一个想要成事的人都必须具备的。

发现价值,不能靠大数定理,不能靠推演,不能靠提炼,不能靠数学公式。若靠这些,你能发现的别人也都能发现,而且人工智能会比你发现得更早。当人工智能成熟的时候,很多行业的人都会失业,这是个简单的常识。

想要发现,一方面,需要具备敏锐的判断力和洞察力。它们往往来自直觉,甚至天赋,表现为感知事物细微变化的敏锐度。阿基米德在浴缸中洗澡时突然发现"浮力定律",达尔文在阅读马尔萨斯人口论著作时提出"自然选择理论",魏格纳在看地图时脑海中突然闪现出"大陆漂移"的观念等,这些都是直觉思维的典型例证。事实上,创造力强的人都有很强的直觉。这种判断力和洞察力后天很难培养,也和一个人的学历高低没有必然的联系。

另一方面,还需要具备丰富的经验和阅历。通过长期实践和行动得来的知识储备和经验总结,能让你在事情发生的时候更准确地判断出事物发展的轨迹,从而更好地应对。但切忌因为见得太多了,反而使思想被禁锢住,以至于看到新鲜事物不以为意,张口闭口就是"我见得多了"。这种人的发现能力不仅不会提高,反而还会退化。

我在听别人说话时,不是听他说什么,而是研究他为什么会这样说,脑子里想的是:"此人的正确思想是从哪里来的?"

我受用一生的第二句:世界上看起来相互不关联的东西,其实都是关联的,关键看你有没有能力把它们打通。

就拿音乐演奏来说,在我看来,入门是独奏,你必须有独奏能力。往前走是协奏,再往前走,进入最高殿堂,肯定是交响乐。弦乐器、管乐器、打击乐器等,看起来毫无关联,然而各种不同的乐器(和声部),在统一的总谱下面,就能够演奏出恢宏、磅礴的交响乐,这就是水平。

商业世界也是这样，看起来相互不关联的东西，其实都是关联的，关键看你有没有能力把它们打通。如果你能打通，恭喜你，你肯定是优秀的企业家；如果打不通，即使管理再到位，顶多也就是惨淡经营，做小本买卖罢了。

第三句：世界不是非黑即白、非此即彼的，在两极之间有着广阔的灰度地带，要学会一分为三地看问题。

很多人常喜欢用非黑即白、非此即彼、非对即错的视角来看待世间的万事万物。在孩提时期这样看没什么问题，如果成年了，懂事了，还是张口闭口"他是好人""他是坏人"，就显得幼稚了。

简单来说，极左为白，极右为黑，中间黑白交汇处自然就是灰度地带。在真实世界中，多数事物都不是非黑即白的，而是有灰度的。黑和白都太极致了，都是确定的，而有灰度才有无限可能，才有机会。

这个理论并非我独创的。华为创始人任正非把它叫作"灰度理论"，他曾说，"我们将保持灰度和妥协，有灰度、不执着，才能开阔视野，看清未来的方向。（保持）灰度和妥协不是软弱，恰恰是更大的坚定"。

哲学上还有一种理论叫作"模糊哲学"，它建立在模糊数学的基础之上,用来描述和把握混沌态,我管这种理论叫作"一分为三",大致意思都是一样的。

在这里,我想讲一个小故事。两年前,我去广州参加活动时,突然感到眼底一片模糊,出现连绵的黑影。经检查,确诊为视网膜脱落,需要进行手术,在眼底注入硅油修复。

手术进行得很成功。但由于硅油的折射作用,我在恢复期间看到的世界彻底扭曲变形了,看到的人也都成了"牛头马面",需要等硅油抽出后,才能恢复正常。

在感慨岁月不饶人的同时,我不由得联想起一个有趣的命题:当你觉得世界扭曲变形时,你应该先想想,扭曲变形的究竟是世界,还是你的眼睛。

我的朋友圈中,就有这样一群人,学问、人品和见识都没什么大问题,但极其容易被煽动,一些明显捏造的假新闻,他们不仅坚信不疑,还到处转发,真是令人啼笑皆非。

这类人往往把刻薄当成深刻,把极端言论当成独立思想,不接受反对意见,沉醉于自我说服的快感。结果只会把自己带入颠顶的渊薮,丧失了看清世界的能力,成为随波逐流的盲流。

据我观察,这类人有一个共同特点:凡事立场先行,符合自己立场的信息不管真假一律接收，不符合自己立场的一律选择性无视，如此不断强化，直到把自己彻底囚禁于傲慢与偏见编织的茧房中。这是一个严丝合缝的闭环。身在闭环中的人，反复论证自己是对的，最终形成了非黑即白、非此即彼的极端思维模式。

当然，这种扭曲并非毫无来由。每个人都是时代的产物，每个人所看到的世界都是他内心的投射，每个人所依仗的思维体系和决策方式背后，都有着时代的深刻烙印。去除这种烙印，从长远的社会、经济结构变化来观察历史的脉动，从对两极的比较中找到事物真正的关窍之所在，同时注重人物与时势的交互作用，而不是拘泥于对某个具体事实的描述，这就是一分为三的认知能力。

越是在不确定的时代，越要有灰度。在对与错之间，在是与非之间，在黑与白之间，有着99%的混沌地带。在两极之间寻找最大公约数，是一门大学问。非黑即白的事情在现实世界中少之又少，往往都在黑与白之间的灰色地带。

懂了何为灰度，也就懂了何为妥协。**从人性丛林里冲杀出来的成功者，大多是妥协的高手，懂得在恰当的时机接受别人的妥协，或向别人妥协**。在整个人类的发展史上，妥协是常态，甚至可以说，斗争本身也是妥协的特殊形态。要摒弃非黑即白、爱憎分明、一分为二的认知方式与思维模式。未来到底怎么样，谁也无法预测。方向是不可以妥协的，原则也是不可以妥协的，但是实现目标过程中的一切都可以妥协，只要有利于目标的实现，就可以妥协。

在多数情况下，妥协是一门艺术。小范围的冲突是为了更大范围的妥协。当对峙双方存在根本性矛盾时，妥协更是一门大学问。很多现实问题不是只有"是非"那么简单，很多人也不能单纯用"好""坏"来评判，不是所有问题都值得拿来辩论或讨论。实力不够的时候，一定要尽量避免决战，要找到最大公约数，妥协再妥协，合作再合作。在动态、辩证、发散的模糊地带，关键看你的拿捏能力。

在这里，我要强调的是，灰度理论不是向黑恶势力的无底线妥协。我始终强调，勿以恶小而为之，勿以善小而不为，勿以时穷而忘节，勿以势起而乱性。那些得势便忍不住贪图享乐，一朝困顿却又只想着畏缩起来、模糊处事的人，并不是真正有灰度的人。

发现价值，打通关联，灰度妥协，把这些搞明白以后，个人也罢，企业也罢，才会走得越来越顺畅。

如何做到处变不惊

对中国人（尤其对中国的男性）来说，处变不惊无疑是令人向往的境界。在古老的格言警句中，有不少是关于处变不惊的：

心有山川之险，胸有城府之严。

泰山崩于前而色不变，麋鹿兴于左而目不瞬。

卒然临之而不惊，无故加之而不怒。

……

这样的格言警句在中国传统文化中数不胜数，而且以褒义居多。可以说，对成熟稳重的追求，是中国文化在社交场中的某种极具特色的体现形式，这与西方文化所倡导的外向跳脱、轻快飞扬与开放的情绪化表达截然相反。这种文化上的差异，涉及更深层次的探讨，暂且不论。但在中国的文化背景下，如何做到处变不惊，却是很多人都需要学习的。

第一种对于处变不惊的理解，是有预见力。<u>其实，真正让人</u>

受惊的不是变化，而是超出预期和承受能力的变化。因此想要做到处变不惊，第一个可行的方法就是对变化有所预期，也就是要有预见力。这样，别人眼中的某些巨大变化，在你眼里只是预先考虑到的几种情况之一，你自然就不会受到"惊吓"。

第二种对于处变不惊的理解，是有阅历。人生无常，不可能事事都料敌机先，你很可能会遇到意料之外的变化，事先毫无准备。在这种情况下，想要处变不惊，就需要你有足够多的阅历，如果你经受过大风大浪，承受能力足够强，抵御风险、应对变化的经验足够丰富，自然不会受惊，就像在大海上闯荡过多年的水手，很难因为人工湖的小波小浪而受到"惊吓"。在这方面，并无捷径可言，唯有世事磨砺。

多年来，面对各种风浪，我时刻牢记以下三点：第一，尊重常识，天上不会掉馅饼；第二，敬畏规律，一分耕耘一分收获；第三，做任何事情都要不断叩问其本质，追溯其根源。这三点结合起来，才能做到处变不惊。

第三种对于处变不惊的理解，与天赋有关。

人生来不同，总有一些人天生沉着，不易有太剧烈的情感波动，这一结论古已有之。西方心理学家杰罗姆·凯根和他的同事曾于 1979 年以 500 名婴儿为对象做过一系列的陌生情境刺激实验。约 20% 的婴儿大声痛哭，他们比其他孩子更容易受到惊吓。当遇到陌生的情况时，他们的心率和血压比其他孩子上升得更快，身体反应也更加剧烈。这类婴儿被归为高度反应型。另有 40% 的婴儿几乎没有任何反应，这类婴儿被归为低度反应型。其他婴儿介于这两者之间。

又过了 10 年左右，凯根对同一批孩子进行了另外一项旨在诱发焦虑的实验。高度反应型的孩子当中约有 1/5 仍对压力反应强烈，低度反应型孩子中约有 1/3 仍然表现得很平静。大多数孩子已经长大了，反应介于两者之间。只有极个别的孩子会从高度反应型转为低度反应型，或是从低度反应型转为高度反应型。

换句话说，孩子出生时就带有一定的性情。无论高度紧张还是异常镇定，无论开朗乐观还是孤僻阴郁，天生的性情更像是一种约束。当然这样的性情并不会限制人一生的轨迹，人的性情会随着生活而改变，但这种改变的程度具有一定的局限性。因此有些处变不惊的人，可能真的是天生的，在某种程度上，这也算是与生俱来的领袖气质了。

基于凯根的心理学实验，你可能会得出一个令人沮丧的结论：我可能天生就是个普通人，容易一惊一乍。但是，<u>对于处变不惊，</u>

还有第四种理解：面对某些变局，你确实受惊了，但或许是出于修为，或许是出于经验，你没有在外人面前表露出惊讶的神态，因此也给人留下了处变不惊的印象。

吕夷简与宋仁宗的故事就是非常典型的例子。

宋仁宗时期的宰相吕夷简，是一代权相，他独揽大权，排除异己，是历史上著名改革家、文学家范仲淹最大的政治对手。后世明显推崇"先天下之忧而忧，后天下之乐而乐"的范仲淹，而对善于逢迎、极尽权谋的吕夷简多加诋毁。其实作为政治人物，吕夷简有善权谋的一面，但同样有"宰执天下"的格局与手段，《宋史》评价吕夷简："自仁宗初立，太后临朝十余年，天下晏然，夷简之力为多。"

话说某一次宋仁宗突患重病，陷入昏迷，近月余不理朝政，吕夷简作为宰相主持朝中大局。仁宗在醒来后急召众重臣入宫。吕夷简作为宰执天下的宰相，收到皇帝谕旨后，却丝毫不急，甚至让家人泡了一杯热茶，喝完茶后才缓缓入宫。

宋仁宗见吕夷简姗姗来迟，大为光火，质问道："朕近月余未朝，今天身体刚刚恢复了一些，特意见见众爱卿，你为何姗姗来迟？"

吕夷简的回答很简单，也几乎瞬间扭转了局面。他说："皇上久病初愈，如果宰相慌忙跑步进宫，势必会导致人心惶惶，天下惊动。人们一定会根据宰相的反应散布皇帝驾崩、朝政有变等谣言。所以，谁都可以慌，唯独宰相千万要稳住，而且越慢越好。"

听完吕夷简的回答，仁宗也不由感慨何为宰相之才。的确，将军额上能跑马，宰相肚里能撑船。不过，很多人把"宰执天下"想得太过于简单化和脸谱化了。

吕夷简真不惊吗？恰恰相反，事涉龙体安危，他可以说是心急如焚，但多年的宰相生涯使他练就了喜怒不形于色的养气功夫。很多成功人士在自觉不自觉之间，都形成了这一特质。<u>惊讶与否，全看外界是否需要。需要表露情绪时，就表现得大吃一惊；需要安定天下人心时，就表现得处变不惊。</u>赤壁之战一败涂地的曹操率军狼狈奔逃，却在华容小道上屡次大笑失声，关键是让团队安心，并自愿追随。此时，他高兴与否，受惊与否，反而不那么重要了。

内卷和躺平

"内卷"是这两年互联网上的热词,年轻一代经常用来自嘲。大概意思就是资源有限导致过度竞争,很多努力都是无用功,甚至形成内耗。

为什么这个词能引发共鸣呢?有人认为,这是因为中国经济进入平缓期,时代红利消退,机遇越来越少,个人要上升越来越难。内卷正好描述了这种状态。

在我看来,内卷不是时代造成的,而是在互联网语境下,年轻人的一种情绪宣泄。看懂这个词的前世今生和本质,也就不会焦虑了。

我所理解的内卷,大概是有限的机会或者资源,被大量的人争夺。在争夺过程中,竞争门槛被大大抬高,最后导致很多人即使很努力也只是在做"无用功"。比如前段时间深圳中小学老师招聘,由于出价不菲,录取公告里多是清华大学、北京大学等顶尖高校的博士，最差的也是名校硕士。连中小学都需要最顶尖的学术人才，怪不得有的年轻人高呼"太卷了"。

博士去当中小学老师是不是屈才，暂且不谈。单看他们扎堆争抢中小学老师饭碗，就确实会让许多人感觉出人头地太难了。

有人把这种难，归结为这个时代变了，机会少了，认为现在不像改革开放初期那样，遍地是黄金，只凭努力就能出人头地。很多行业进入平稳期，再想成为"风口上的猪"很难。同时，房价还那么高，生活压力还那么大，普通人即使再努力，财富积累还是很慢，于是就出现了消极度日、失去上进心的现象，就是所谓的躺平。

伴随内卷的普遍化，甚至有人担心中国会出现日本那样的"平成废柴"现象。

作为一衣带水的邻居，日本的两代人极富代表性。作为战后重建、经济腾飞时期的建设者，昭和一代以其严谨、敬业、拼搏、硬朗的特征成为全日本的骄傲，这种精神也与当时日本在诸多领域世界领先的国际地位高度吻合。与之形成鲜明对比的，是经济飞速发展后成长起来的平成一代。

日本经济学家大前研一曾说，"在日本，当下平成年代的年轻人只关心以自己为圆心、半径三米内的事情","没有争取成功的欲望,学习能力低下,也不知进取,遇到困难立马退缩,一需要思考就马上放弃,人云亦云,只追随别人的脚步"。

"昭和男儿"与"平成废柴"这两代人之间价值观与生活方式的断裂是肉眼可见的,这种断裂的背后,正是日本"失去的20年"。

那么中国是不是机会越来越少,甚至会出现大规模的"废柴"现象呢?

<u>首先要明确一点,内卷背后的竞争不是现在这个时代才出现的。</u>在中国,竞争从来都比较激烈,由于人口众多,在农业时代就存在突出的内卷现象,而20世纪90年代,随着改革开放的逐步深化,人们要在竞争中胜出,过上美好的生活,更要去竞争,那时才是真正意义上的"大争之世"。

有人的地方就会有竞争,有竞争就会有淘汰,而淘汰的人一多,竞争门槛就会抬高,大家就会"卷"起来。

我一直认为,不管是再好的时代,还是再坏的时代,能站在山顶的人永远都只是少数人。人们总有一种错觉:改革开放初期,钱很好挣,发家致富很容易。其实,并非如此。作为那个时代的过来人，我的感触很深。在那个野蛮生长的时代，一将功成万骨枯，能成功的只是少数人，他们的比例一定不会比当今时代高到哪去。

为什么我们感觉今天的竞争更难了呢？或许是因为规则不同。过去是丛林生存竞赛，能升起来的就是太阳，能活下来的就是胜者，至于手段则不足为道，比的是生命力加运气，赔率比今天更高。但今天是规范的马拉松比赛，赛道和规则很清楚，所以你感觉到竞争很激烈、赛道很拥挤。其实，每个时代的竞争都很激烈，每个时代的机会都是很有限的，只不过竞争的手段不同罢了。

那么中国可能出现大规模的"废柴"现象吗？

我认为不会。日本平成时代，经济持续低迷，几乎陷入停滞状态。加上日本又有老龄化、高福利等问题，年轻人不奋斗也能活下去，于是出现了"平成废柴"现象。的确，中国经济增速没那么高了，但是相比之下，还是比较高的。按照很多国际权威机构的预测，中国经济会在相当长的一段时期内保持高速增长。如果说在中国发展很难，机会很少，那去其他国家可能更难，更没有机会。

可以说，时代红利并没有消失。相反，新技术革命给年轻一

代提供了更多机遇。我们有最大的国内市场,这为互联网创业、消费创新提供了沃土。你今天仍然可以看到短视频、直播电商、区块链、新基建、元宇宙、人工智能等新领域方兴未艾。很多行业并不是没有机会,而是需要新的"玩法"。

在这种大环境下,年轻人只要有一点上进心,都不会甘心当"废柴"。嘴上说想"躺平",实际上可能只是想换个环境生活,换个姿势奋斗。这其实正反映出年轻人有了更多选择空间,既可以"卷",也可以"躺"。过去那些面朝黄土背朝天的农民,是没有这种选择权的。

当然,并不能说内卷只是年轻人"为赋新词强说愁",毕竟"996"等现象的确存在。要想干出点名堂,确实很辛苦。但是,机会仍然在年轻人的手中。年轻人不要被网络情绪淹没。

你的努力不会白费,不要错把奋斗当内卷,给消解掉。

如果你能打开自己的胸襟和视野,你会发现,所谓绝望,所谓看不到出路,是因为你把自己的路给限制住了,导致你要么选择躺平,要么只看到一条人山人海的常规道路,没看到其他更多的潜在可能性。

要想在内卷和躺平中胜出,归根结底,需要解决自己的战略定位问题。

从外看,今天的社会给了人更大的可能性。昨天的人只能依附于某一个平台,一辈子围绕着一个点打转。今天技术的进步,给了人们更充分的自由、更多精彩的"玩法"。从内看,时代纷繁复杂的现象再多,本质依旧没有变。只要你不打倒自己,就没人能打倒你;只要你不放弃,你就永远不会无路可走。

对外对内都有正确把握之后,只要找准方向,日益精进,与自己死磕,同时不在"断头公路"上跑,就能倒逼自己跑出自己的路。

今天的年轻人已经不像我们那个时代的人,为了生存,有时去做自己不想干的事。今天温饱基本不愁,怎么活得精彩是当下年轻人要考虑的事。大众所走的路不一定是对的,他人的世界于你而言只是风景。我们都要为自己而活。**要做自己感兴趣的事,要做自己从内心里认为有感觉的事。一旦找准,就坚定不移、持之以恒地做好它。成功了,是顺带的结果;不成功,无愧平生。抱着这种态度,人生也就不会有太多遗憾了。**

接受你、喜欢你、离不开你

很多年轻人，尤其在初入社会那几年，总觉得自己才高八斗、学富五车，总抱怨自己被别人不公平对待，总感慨自己怀才不遇，又不知道从何做起。他们对于这个世界，对于很多人生问题都有着非常迫切的了解、解读、找寻答案的欲望，但也正是这种欲望使得他们没有办法客观地看待问题。

如何才能够展现自己的能力，走上升职加薪的人生巅峰？

很多人会这样讲：你要努力，要奋斗，要与人为善，要善于学习……这些对吗？当然都对，但都是正确的废话。

其实这个问题很简单，甚至可以从单纯的职场扩展到官场，乃至情场。人是社会性动物，想要成就个人价值，就离不开群体的赋能与加持，尤其在这些特定的"场"中，和人打交道的能力极为关键。迅速地突破人际关系的屏障，离不开三个层次：让别人接受你、喜欢你、离不开你。

总体来说，除了在极为特殊的场景外，这三个层次是有严格的先后顺序的，首先要让别人接受你，才能谈得上喜欢你，最后才是离不开你。

第一个层次是接受你。

被接受看起来简单，却挡住了很多人的职业发展道路，甚至让人连很多门都无法敲开。

要想被别人接受，需要怎么做呢？

首先，要创造良好的外部条件，你的学历、形象、家庭背景、言谈举止等共同构成了别人对你的第一印象。被接受当然不是一朝一夕的事情，但第一印象非常关键。第一印象虽然并不一定是准确的，但往往是最牢固、最深刻的。我们对一个事物的第一印象将会影响我们对此事物其他方面的判断，心理学上所谓的"晕轮效应"讲的就是这个意思。

无论在公司内还是在生意场上，别人对你的第一印象相当于别人给你打的标签，日后想要换新的标签，要付出极大的努力，所以第一印象很重要。当然，良好的第一印象永远离不开自身知识的积累，如果没有内涵，无论外表收拾得多么光彩照人，只要一张嘴，此前所有的努力都会化作泡影。

其次,想要被人接受,一定不能有太让人难以忍受的缺点。接受其实分为两部分,"接"是"接纳","受"是"承受",也叫"忍受"。接纳的是优点,忍受的是缺点。金无足赤,人无完人。所谓接受,既包括对优点的欣赏,也包括对缺点的理解。小缺点可以有,但不能有太严重的问题,否则根本谈不上被接受。

最后,接受的立足点是信任,如果没有信任,就不存在接受,因此要努力做到靠谱。什么样的人靠谱?老板把事情交给你,他能睡得着觉,你就是靠谱的人。成为靠谱的人,是让人接受的前提。

有一个故事。我刚刚在广州创业时,有一个小伙子从新疆千里迢迢来投奔我。当时我出了一本书,叫作《谋事在人》,写的是知识分子在市场经济大潮中如何生存,如何实现人生的价值。一时间海内外畅销,总发行量超过200万册。很多年轻人都受此影响,这位年轻人也是其中之一。

面试的时候,我问他:"为什么要来投奔我?"他说:"我很敬重你的事业,我很向往这种生活。"我说:"你读过什么书?"他说:"我中学毕业。""那你为什么不上大学呢?"他反过来问我:"为什么要上大学呢?"我说:"上了大学,你的知识会更多一些嘛。"他说:"没有上过大学的,也有很多很优秀的。"我说:"没错。不过,虽然说在大学里学不到所有的东西,但是毕竟会打下一个基础,不能一概否定。"后来,我说:"这样吧,你千里迢迢跑到我这里来,就是为了这个工作。如果你真想干这个工作,你得先在广州找个别的工作干一干,积累三五年,觉得自己可以了再来找我。"这个小伙子扭头就走,走的时候怒气冲冲地把他手里的《谋事在人》给了我,我打开一看,上面有很多眉批,"此言甚好,甚合孤意"之类,就像皇上写的一样。最后写了一句话:"尊敬的王先生,我千里迢迢来投奔你,但是你拒绝了我,既然这样,这本书就奉还给你吧。我向你发誓,十年以后我肯定超过你,肯定打倒你。我把这本书留下来,立此存照。"一个人发毒誓、拍胸膛很容易,但要真正超越别人却不是那么简单的。

近年来,一直没有这个小伙子的消息,也不知道他过得怎么样。他犯了一个大忌讳,一开始就没有让别人接受他。有的人,也许是因为自我定位太高,也许是因为太张扬,人家不接受,原因其实就在他自己身上。有才华的人,总能脱颖而出,但前提是先要放低身段,这是一个非常大的学问。我现在见到的很多年轻人,凡是成功的,这个问题都处理得很好;凡是失败的,都跟这个问题没处理好有很大的关系。

无论在哪里,只有被接受,你才能推开那扇神秘的大门。

第二个层次是喜欢你。

光接受你还不够，接受你只是对你的初步认可。要想在一个团队中脱颖而出，你需要尽可能地让大多数人喜欢你。

如何才能让大多数人喜欢你？这需要你在展示能力的同时，能够给别人眼前一亮的感觉。

从工作层面来看，领导和同事交给你的事情，你不仅能够按时保质保量地完成，同时还能有很多创新，这种创新可能是节省了时间，也可能是有很好的创意，更可能是做到了一般人做不到的事。一旦这种眼前一亮的感觉多次在周围人心中出现，大家就会发现你与众不同，进而逐渐喜欢你。

在这个过程中，很重要的一点是你的人品要得到充分的检验和认可。路遥知马力，日久见人心，想让别人喜欢，还要从自己的心性下功夫，就像好利来创始人罗红的父亲送给他的格言所说："无论做什么事，都要对得起自己的良心；无论在哪里，都要给别人带来快乐。"

让人喜欢，也是一门大学问，涉及亲和力、凝聚力、态度、格局、品性等诸多方面，但说到底，是一个向内求的过程。

这里有个精彩的小故事。智纲智库有一位咨询师，非常受客户欢迎，曾经有客户专程为她请功。请什么功呢？这位咨询师刚刚在重庆沟通完项目坐飞机返回上海，一落地，客户就把电话打过来说有新问题，她听了之后没说二话，机场都没有出，立刻买机票赶回重庆。这种负责任的态度，哪个客户不喜欢呢？

"喜欢"并不意味着你必须成为魅力四射、性格外向的领导者典范，很多沉默寡言的人在职场上同样很让人喜欢，关键是要成为别人信任并乐于合作的人。

无论在哪一类关系中，只有被真诚地喜欢，你才能有进一步的空间和更大的舞台。

第三个层次是离不开你。

为什么离不开你？只有一种可能，你的唯一性太突出，你的核心竞争力太强，你无可替代。

现代社会是一个高度分工的社会，没有谁是真正无法被替代的，但是如果你的核心竞争力能够强到替代你的成本远高于替代你的收益，那么你无论在职场、官场还是情场中，都将一往无前。离不开你，是因为你有核心竞争力，你是领军人物。一个拥有核心竞争力的人，一定是掌握主动权、拥有极高议价能力的人。其基础，正是让别人离不开。你达到让别人离不开的境界的时候，就是你在一个环境中可以从心所欲不逾矩的时候。这样一来，就是你选择平台，而非平台选择你。

小则你可以成为一个老板，大则你可以成为一个领袖。别人都跟着你走，别人都离不开你，别人都是配件，而你是主轴，最后你就可以"打天下"了。

如果说"接受你"指的是印象分，"喜欢你"打的是感情牌，"离不开你"就是最高级别的赞誉了。每个公司离不开的只有也只会有极少数人，当你成为这极少数人之一的时候，你还担心自己的前途与未来吗？

所以成功学也好，人际关系学也好，说一千道一万，其实道理非常简单，就是这三句话。你要记住这三句话。当然，讲这么多，最终还是要落在具体的行动上。我建议年轻人养成"吾日三省吾身"的习惯：我给人留下的印象足以被人接受吗？我的心性和职业精神足以被人喜欢吗？我的核心竞争力足以让人离不开吗？

点线面体的方法论

人的成长和进化路径，我总结为点线面体四段论。

有的人穷其一生，都是在点上生存。说在点上生存，并不是贬低。在点上生存，恰恰是人生最重要的必修课，每个人都要找到自己的立足点。

或许点上人生是相对乏味的，但并不简单。做到极致，可以做成大国工匠，退而求其次也是一个技不压身的手艺人。对手艺人来说，即使做一个小老板，开一个豆花面馆，也能让人拍手叫绝、门庭若市。

每个人只有找到属于自己的那个点，才能真正驾驭自己的人生，否则可能连生存都会有问题。

要过点上人生，就要懂自己，要做自己擅长的事情，做自己喜欢的事情，坚持做下去。

当点做透之后，就可以在线上进行延伸，将整个链条上下游全部掌握，就足以被称为专家了。

比如一位医生，不仅医术很好，而且把所属科室的各种疑难杂症、生理学、病理学知识全部打通，这时候管理一个科室就游刃有余了。如果是教师，把教育、教学、管理都打通了，做教导主任都没有问题。且不要小看这个"打通"，如果张冠李戴，或者联而不通，往往会铸成大错。

线上人生对大多数人来说，已经非常精彩了，但很多人往往把偶然的成功当必然，把一时的成功当永远。殊不知，若把点上的成功、线上的成功直接照搬到面上，往往要翻船。

并不是说面比点和线高级，而是面更复杂，面涉及很多条线，往往跨行、跨界甚至跨物种。

面上生存，最大的挑战不是做点上的放大，或者线上的联结，而是能从全局把握，能做到匹配和协同。面需要的是触类旁通和融会贯通。

我有一句很形象的话流传很广："什么是专家？专家就是深刻的片面。什么是领导？领导就是浅薄的全面。"

专家之所以成为专家，是因为深刻。只有聚焦在一个点上或者一条线上，水滴石穿，才会有力度，才会深刻。而做领导，不

<u>求专业上的深刻，但要有全局性的把握，能审时度势，能知人善任，能思变求新。</u>

要注意的是，想要在面上游刃有余，首先点和线必须做透、做通，否则很容易成为万金油，外行一看以为是内行，内行一看却是外行。

能够纵览所有关联性的行业，全都一目了然、融会贯通，最终辩证成面，小则是一处领导，大则成一方诸侯；即便在一个行业内，也能挥斥方遒，成为大师。大师不是技术专家，大师是能触类旁通的通才，实则得法。

人生最难达到的境界是"体上人生"。达到这种境界的人，凤毛麟角。

"体"是一种生态。体上生存，相当于用昆虫的复眼来看待世界上的一切。体上生存者是知行合一的典范，这种人在点、线、面上都经历了完备的历练，已经通关，在此过程中有所感悟，有所启发，再加上自己的天分，最终能够站在哲学和战略的层面来看待世间的一切问题。抓住了问题的核心，找到了事物的本质，掌握了发展的规律，即为得道。

这种得道，必须经历点、线、面的层面，最后上升到体的层面。

堪称悲剧的是，很多人在点、线、面上都没通，就想在体上做文章，以为自己得道了，其实未入其门，未得其法。而且越是成功的企业家，越会发生这样的悲剧，错把偶然当必然，错把行情当能力。

凭借运气一夜暴富的，很少能守住浮财；有些人随波逐流，搞投机主义，做短线，见异思迁，没有定力，最终一事无成；有些人持赌徒心态，方向不明决心大，心中无数办法多，自己孤注一掷，还拉上很多人一起"殉葬"；有些人故步自封，不能与时俱进，最后不是被同行干掉，而是被变革的大时代所消灭。

那到底什么才叫作"得道"呢？

宋朝的道济禅师（济公）辞世时留下一偈：

> 六十年来狼藉，
> 东壁打到西壁，
> 如今收拾归来，
> 依旧水连天碧。

说的就是寻道的心路和得道的光景。青原惟信亦言：

> 而今得个休歇处，依前见山只是山，见水只是水。

我在成都有一座书院，叫作望蜀书院。我为书院题写的一副对联，讲的其实也是对"体"的思考：

> 三千年读史尽是功名利禄，
> 九万里悟道终归诗酒田园。

有赖于南怀瑾先生的宣扬，这副对联在江湖上广为流传，只不过我这个原创者常常不为人所知。上下联结合起来看，讲的其实是如何看待时空变幻背后的本质，最终归结于对人生的体悟，以期赋予生命以意义，道法自然。

点线面体，不仅是人生的四重境界，更是一套方法论。

年轻人在考虑未来职业发展乃至人生规划的时候，同样可以运用"点线面体"这套方法论。你所从事的工作是一个"点"，点所附着的业务条线、部门、公司就是一条"线"，你所在的行业就是一个"面"，你所在的城市乃至更广义上你所在的国家就是一个"体"。

你在一家暮气沉沉的企业工作，和在一家快速成长、扩张的新兴企业工作，收获一定天差地别。这与你个人的能力和素质没有关系，与你的领导的个人操守也没什么太大关系，只是因为一家处在衰退的阶段，一家处在快速崛起的阶段。泰坦尼克号的沉没，不是某个个体能够阻拦的。

同样，很多投资人在投资时会选择整条赛道，因为他们关注的不是单点收益，而是整个行业面的大机会。视野再宏观一些，我坚信，中国作为一个快速崛起的经济体，一定是全世界的机会洼地，那些把孩子早早送出国的老板，最终把孩子培养成了"香蕉人"，国内的机会和这些孩子也就没什么关系了。

点线面体的本质是辩证法，其划分标准不是固定的。理解这种不断抽离的思维模型，并留心加以运用，将会迅速提升你的认知能力。

你这个点是附着在哪一条线上？这条线在上行还是下行？

这条线又是在哪一个面上？这个面在上升还是在下沉？

这个面，又是在哪个体上？这个体是在快速崛起，还是在快速崩溃？

很多人可能一辈子都满足于在点上生活，而且常常用点上的观感、角度去分析大千世界，那肯定会出大问题，小则头破血流，大则危害社会。这在本质上是刻舟求剑。有的人自己的方式错了，却反过来骂这个社会。这样的故事太多了，说到底，还是认知的缺位。

- 所谓成功者,皆是以对成功的渴望为烈火,以人性冷暖为熔炉,最终锤炼出宏大格局。

- 读书是智慧,行走是阅历。你读过的书、走过的路、遇过的事、见过的人,共同构建了你的人生格局。

- 读书是读有字之书,而一个人的阅历和见过的世面,却是无字之书,更难读,但读通、读透后的收获也更大。

- 知识分子自我进化的关键在于"见识",即"知行合一"。

- 唯有知行合一,知识分子方能摆脱固有的局限性。

- 行万里路的终点，是形成自己的见识。此处所言的见识，不是浮光掠影、走马观花的印象，而是"世事洞明皆学问，人情练达即文章"，是在读万卷书、行万里路、历万端事、阅万般人的征程中不断积累与沉淀下来的智慧。

- "下有保底，上不封顶。"做任何事情，都要把底踩实了，再思考上限的问题，否则一切成就都是空中楼阁、梦幻泡影。

- 世界上不是缺少美，而是缺少发现。

- 世界上看起来相互不关联的东西，其实都是关联的，关键看你有没有能力把它们打通。

- 世界不是非黑即白、非此即彼的，在两极之间有着广阔的灰度地带，要学会一分为三地看问题。

- 从人性丛林里冲杀出来的成功者，大多是妥协的高手，懂得在恰当的时机接受别人的妥协，或向别人妥协。

- 方向是不可以妥协的，原则也是不可以妥协的，但是实现目标过程中的一切都可以妥协，只要有利于目标的实现，就可以妥协。

- 第一，尊重常识，天上不会掉馅饼；第二，敬畏规律，一分耕耘一分收获；第三，做任何事情都要不断叩问其本质，追溯其根源。这三点结合起来，才能做到处变不惊。

- 要做自己感兴趣的事，要做自己从内心里认为有感觉的事。一旦找准，就坚定不移、持之以恒地做好它。成功了，是顺带的结果；不成功，无愧平生。抱着这种态度，人生也就不会有太多遗憾了。

- 迅速地突破人际关系的屏障，离不开三个层次：让别人接受你、喜欢你、离不开你。

- 什么是专家？专家就是深刻的片面。什么是领导？领导就是浅薄的全面。

- 点线面体，不仅是人生的四重境界，更是一套方法论。

第四章 修心

> 我所写的无非是一家之言,但好在足够真诚,或许对你有所裨益。

...

中国诗海，卷帙浩繁，佳作频出，但我对陈子昂的《登幽州台歌》，可谓情有独钟。

掩卷遥想，1300多年前，某个落木摇黄的秋日，从军出征的年轻诗人陈子昂独自来到易水之畔，面对坍圮的黄土堆，遥想当年燕昭王筑黄金台的盛景，不免感慨万千。纵有皇图霸业，在时间面前终究化为尘埃。面对无垠时空的追诘，他写下了千古名句：

<blockquote>
前不见古人，
后不见来者。
念天地之悠悠，
独怆然而涕下！
</blockquote>

短短22个字，既无绮靡之风，也无造作呻吟，而是满含时代奔流的苍凉感。

或许正因为天地与个体、永恒与瞬间的强烈对比，这首《登幽州台歌》方能超越时代，具备永恒的生命力。它具有历史纵深感的喟叹，拨动了所有触及这个层面的人的心弦。"朝菌不知晦朔，蟪蛄不知春秋"，而人之所以为人，正是因为有穿越时空的思想。这首诗所承载的人类之问、命运之问、苍穹下的究极之问，都令我目眩神迷。这些问题换不了饭吃，但是一个人如果从来不曾思考过这些问题，从来没有站在高山之巅看东西南北的江流纵横，格局自然也就无从谈起。

在这一章，我写到了不少关于终极命题（如幸福、死亡、人生、命运等）的思考。无数哲人先师都曾讨论过这些命题，我所写的无非是一家之言，但好在足够真诚，或许对你有所裨益。

幸福的三个标准

这么多年来,我走南闯北,见过一些高级官员,也见过一些富甲天下的豪商,很多人都前呼后拥,一呼百应,更有甚者,私人飞机一买就是两架,不可谓不富贵。但在和他们打交道的过程中,我发现这些官员或老板大多行色匆匆,像停不下来的陀螺。熟悉了以后,他们都会和我说:"你太幸福了!"甚至有不少人和我说:"王老师,你就是人生赢家啊!"

我很奇怪地说:"你们或官当得很大,或钱挣得很多。要风得风,要雨得雨。你们占尽功名利禄,搅动一界风云,怎么会羡慕我呢?"

后来我才明白,他们羡慕的并非我本人,而是一种生活状态,一种不为钱所役、不为时所役、不为人所役的状态。

穷尽一生,每个人都奔跑在追求幸福的道路上,但是幸福的标准到底是什么?有些人一辈子都奔着财富榜上的排名去了,有些人则奔着官场上的座次去了，还有些人像"竹林七贤"一样过着闲散的日子，时而抨击世俗，时而癫狂作态，最后却像伯夷、叔齐一样，差点连锅都揭不开。

有权、有钱、有时间，哪个才是幸福的标准呢？<u>我认为，幸福的标准是三个自由：财务自由、时间自由和灵魂自由。</u>

财务自由

中国传统文化几千年来都传承着一个基调，无论儒道释，在财务自由这件事上口径相同，无非"名利惊人不过大梦一场，安贫乐道才是义之所在"云云，仿佛这才是正确的。但是，人的欲望终究难以阻遏。"三年清知府，十万雪花银。""天下熙熙，皆为利来；天下攘攘，皆为利往。"这些古语说明了中国人的另一面。如今，财富大潮的裹挟更让许多人变成了演员，用情怀和热诚来掩盖拜金的双眼。

在经济发展压倒一切的年代里，幸福和金钱仿佛画了等号，很多积累了大量财富的人，依旧日日辛劳，向着更宏伟的数字迈进。首富的宝座魔力无穷，然而商海难测，载浮载沉数十年，一朝高楼倾塌。就像《红楼梦》中的《好了歌》说的那样："世人都晓神仙好，只有金银忘不了！终朝只恨聚无多，及到多时眼闭了。"

但无论追捧还是批判,毋庸讳言,财务自由终究十分重要。手无余财的人,自己能不能过好且不论,上不能奉养双亲,中不能照顾家庭,下不能抚育子女,这种人空说自己有多幸福、多潇洒、多智慧,都是枉然。

令我很遗憾的是,一些我认为很优秀的知识分子,如今也涌向了追逐金钱的独木桥。凭才华,他们实现财务自由本来是很简单的事。如今他们在"钱途"上狂奔,满脑子都是估值、上市,都是通过资本运作去谋取更多的财富。诚然资本运作是获取金钱最主要的捷径,然而其中也充斥着洗牌和阵亡、泪水和黯然,只有在狂热的潮水退去后,才能看到究竟谁没穿裤子。

资本运作具有很强的破坏性,它把人性最丑恶的一面揭露出来,这种小逻辑违背了中国崛起的大道理。遏制资本泡沫,回归实体经济是大势所趋,然而狂奔的人已经来不及看路。

究竟积聚多少,才算财富自由?这是一个辩证的问题。太少显然不行,太多同样也有麻烦。这么多年来,我打过交道的很多大老板,生意做到了很不错的程度,但是生活却被财富所绑架,每天焦头烂额,疲于奔命,困顿于一场场应酬之中。为了生意疲劳不堪、一地鸡毛,身体还弄得一塌糊涂。

财富是一把双刃剑。财富可以成为寻求尊严和自由的船桨,也可以成为禁锢自己的枷锁和镣铐。一切取决于你对财富的态度。

　　商人天生就是以挣钱为目的，多多益善。这无可厚非，但现在的问题是中国的很多商人被财富压得喘不过气来。美国的查理·芒格和巴菲特的故事或许能给我们一些启发。这两个老头儿一起搭档了45年，早已不被金钱的数字所绑架，90多岁高龄还在干着实现自我的事情。在每年的伯克希尔－哈撒韦股东大会上，两个人在数万人的注视下，吃点糖，喝点可乐，闲谈几个小时，很有一种笑看云卷云舒的感觉。这种生活态度很值得中国企业家学习。

　　成功人士总是令人艳羡。曾经有一个年轻人问查理·芒格："怎样才能变成你这样的有钱人？"查理·芒格的回答很有趣："等你到了我这个年龄的时候，你也会变成我这样的人。"这是一个非常有哲理的回答。由于能力需要时间来培养，所以生活在不同阶段的人，在财富的积累上必然有差异，在事业的发展上也天然存在着差距。

　　如果一个年轻人因为没有一个老年人富裕而感到灰心丧气，这本身就很荒谬。<u>我们不可能强行跨越时间的差距去实现超越性的成长</u>。一夜暴富或者一夜成名的趣闻之所以极具魅力，就是因为这种事情发生的概率太小。难道要用有限的人生去博这种赢的概率极低的赌局吗？

只有在对财富的欲望、对财富的控制能力和所积累的财富三者相匹配时，人才能算是真正实现了财务自由。

时间自由

第二个问题是时间自由。时间和生命是同义语。时间是由自己掌控还是由别人掌控，有天壤之别。别人掌控你的时间，就相当于你的生命悬于他人之手。能否实现时间自由，是幸福的一个很重要的尺度。

不少老板没有时间自由。和我一起打球的老板，有时刚打三个球五个洞，就提着杆子跑了，满口都是"对不起，对不起，领导有事"。这种人很多，都屁颠屁颠地跑来跑去，或者是吃饭时摆上两三桌，端着杯子四处转。桌上喝酒是替别人喝，下场打球是替别人打，看起来光鲜，其实非常痛苦。

从政也难有时间自由。在有些部门，光迎来送往、请示汇报就能把你的时间精力全部消磨掉。仕途于我个人而言，是极为不合适的，我的个性极强，走仕途只能徒然消磨意志，更遑论时间自由？

失业和退休的人倒是有时间,但是经商者谁想失业?当权者谁想退休?"人走茶凉""大丈夫不可一日无权"等话深刻地说明了这个问题。闲得只剩下时间,也谈不上什么自由。

在我看来,时间自由的真谛其实是能够掌控分配自己时间的权力。我能安排自己的时间,不愿意参加的事情,天王老子请也没用;乐于参与的事情,再忙也高兴。忙不忙其实是辩证的关系。要把时间放在自己感兴趣的"忙的事情上"。不是"要我做",而是"我要做",这种转变是一个人独立意志的体现,也是时间自由的外化。前两天我刚刚到外地打了一天的球,晚上还有饭局,一天奔波,但都是按照我自己的意愿来的,所以就感觉不到累。

有些企业家已经实现了财务自由,但是还坚守岗位,这是一种进取精神的体现。把公司当成了自己的事业,全身心投入工作也是他们遵从内心的一种安排,他们在乎的不是钱,而是成就感。

任正非、曹德旺就是这样的企业家,看起来很没有情调,过得很累,但其实人家过得很充实,在按照自己的意志生活,其间苦乐不足为外人道也。

任正非是典型的天将降大任于斯人的例子,40多岁才一头闯进深圳,家庭不谐,事业不顺,可以说是走到了人生的低谷。后来终于遇到了机会,能够一展抱负,他用自己的理论和意志创建了一番事业,实现了自己和民族的梦想。在国际巨头压境的情况下,很多企业都走了"贸工技"这条方便易行的路,华为却选择了坚持"技工贸",苦心孤诣数十年,终于从第三世界崛起,和世界顶尖公司打擂台,最后成了人人敬重的强者。

在我看来,任正非就是时间自由的典范,无论各级领导视察还是公关媒体采访,或是商务应酬,除非必要,一律不参与。他把时间用在到全球各地出差上,用在与华为员工聊天上,用在思考企业未来上。

这样来看,时间自由和忙碌与否并非同一个问题。能自己掌控时间,能高效地运用时间,才是时间自由的本质。

灵魂自由

第三个自由就是灵魂自由,也可以说是精神自由。相比前两点,这一点更加困难,普罗大众能做到者寥若晨星。

我当年离开新华社的时候,领导送了我几句话:"小王啊,你是个人才,唯一要做的就是把尾巴夹紧一点。这样才好生存。"我当时就笑了,我说我是一匹草原上的狼,怎么可能像狗一样夹着尾巴跑。

从 27 岁"仗剑出山"开始,我就对未来有了长期的打算,其中很重要的一点就是追求灵魂自由。我要飞得更高。灵魂自由的第一步就是思想摆脱牢笼。信仰是自由的,言论是自由的,这都是一些最基本的要求。

中国历史上有一些很有趣的现象,盛世往往思想不活跃,乱世反而容易出大家,这就是所谓国家不幸诗家幸。在中国古代,往往只有在王朝极其兴盛,有了充分的自信时,思想才会有限地开放。人不能超越时空,但是在所处的时空内可以自由飞翔。人在江湖,身不由己,很多时候我们要在既定的规则下生存,但是要牢记自己是独立的,万事不求人,不趋炎附势,不搞人身依附,不冲撞,也不逢迎,这样才能做到灵魂自由。

幸福阶段论

三个自由是评定幸福与否的标准。刚生下来的娃娃,有奶吃就行,但这是幼年的快乐,而不是幸福。幸福是自省、自修、自证之后的自我完善,人只有在反刍人生的时候才能感觉到幸福。只有驾驭了人性,才能成就幸福,要不然就只是看起来辉煌,其实荒唐。

如此说来，难道只有垂垂老矣才能体会到幸福？不然，幸福有标准，同样也有阶段。

以我王某人为例。少年时，我的幸福是"得到"。我在贵州大山中成长，在那个时代，看不到未来的路，只有不断地拼搏奋斗，去大量掌握不同的技能来改变命运。大学毕业后，我依旧是"衣无领，裤无裆，一个背包闯天下"，我在那个时候就是在做自己感兴趣的事情，做自己有感觉的事情，并坚持做下去。在这个过程中，能感受到不断有所收获、不断充实的幸福。

人到中年，我认为生命是一种体验，幸福是一种"感觉"。我想让自己的生命更加丰富多彩，想以有限的生命体验无限的生活，但人生苦短，所以唯一要做的就是"不重复"。我对重复深恶痛绝。之前从事房地产策划，做了几年，正是风生水起之时，我感觉已经没有创新的空间了，就很干脆地选择了抓大放小，走上了城市区域战略策划这条路。每当大潮涌来，我们都会乘势而上，我们永远都走在创新的路上。

这也是策划行业于我而言最大的意义：采天地之灵气，吸日月之光华，每天都能看到新的太阳，每天要解决的都是新的问题，每天都能接触到新鲜的东西，去体验不同的生命形态。我出差时，尽量不住标准化的酒店，尽量不吃千篇一律的筵席，只要有时间就一定上穷街陋巷，去探访当地美食，10 年 3650 天，我走遍了几乎整个中国，陕西的羊肉泡馍、四川的麻辣烫、重庆的小面、江苏的阳澄湖大闸蟹、广西的螺蛳粉、贵州的粉面，全国各地美食我都如数家珍。这些东西其实也会强化一个人的工作能力和对生活的爱好。

晚年的时候，幸福于我就是"自由"。不仰人鼻息，不为俗套所束缚，就如我曾经书写过的对联"俯仰无愧天地，褒贬自有春秋"一样。再结合我为望蜀书院建成所撰的对联"三千年读史尽是功名利禄，九万里悟道终归诗酒田园"，这两联中的心境和故事，可以说是我这一生的写照了。它们或许对你也会有所帮助。

人们总认为，荣华富贵是人生至境，是成功的标准，所以要大富大贵。其实，富贵很朴素。

富就是"万事不求人"。不求人必须做到三个独立：财务独立、人格独立、灵魂独立。三者是统一的。有的人富甲天下，如一个个首富，你能说他们的人格都是独立的吗？有的人空言人格独立，但财务困顿，只能是孔乙己式的清高。

贵就是受人尊重。尊重是要不来的。不少人常把身外之物（或官或权）带来的巴结当成该得的尊重，那其实只是镜花水月。

高山仰止，心向往之。靠什么，靠操守德行，靠实力。如此朴素的常识，不少人，特别是靠身外之物而得志之人，往往到卸去礼服、洗净铅华之后才明白。但往往为时已晚。

这个世界上，最快乐的人是不为财富所累的人，没有和过多都一样。<u>身心安泰，"从心所欲不逾矩"，不就是人生的最高境界吗？</u>遗憾的是，很多人本末倒置，结果我们看到了多少人间闹剧。

如何看待死亡

生死间有大恐怖，生死间亦有大格局。

2023年5月23日晚，我的朋友，远在异国他乡、和癌症搏斗两年余的老伍（伍祥贵）给我发消息，希望我为他即将出版的新书《死亡日志》作序。平素极少答应此类事情的我，毫不犹豫地答应下来，并请他把写好的文稿一起发我，待仔细读过后再深入交流。最后，老伍发了两个憨笑的表情。

一天后，老伍溘然长逝，享年69岁。我和老伍同为黔人，又恰好同庚。大约10年前，我前往美国考察时，在高尔夫球场上认识了他，他是我见过的美籍华人里对美国了解最为通透的人。随后多年，他成了我在美国的球友兼"超级秘书长"，随我一同行走美国。2019年，我和老伍最后一次见面。在墨西哥下加利福尼亚半岛最南端的"天涯海角"（即圣卢卡斯角），我们朝夕相处了七八天，临行前，我和他约好第二年一起游遍美国。

即使在新冠疫情期间，他也会偶尔很兴奋地对我讲："王老师，我在俄勒冈州发现了三四个特别好的球场，下次你来美国，我们一起去。"偏僻的俄勒冈州是老伍曾经工作和生活过的地方，他甚至已经把攻略都做好了。没想到暌违三年，疫氛终散，老伍却撒手尘寰，竟已是"君埋泉下泥销骨，我寄人间雪满头"的光景了。

我和老伍相逢于花甲，我对他的印象很好，在他憨厚木讷的"美国闰土"外表下，有着一个丰富润泽的灵魂，和一段跨越江山湖海的传奇故事。

用蒋捷的《虞美人·听雨》来描述老伍的一生，可谓恰如其分：

少年听雨歌楼上，红烛昏罗帐。壮年听雨客舟中，江阔云低断雁叫西风。

而今听雨僧庐下，鬓已星星也。悲欢离合总无情，一任阶前点滴到天明。

年轻时的老伍，也曾鲜衣怒马。作为 20 世纪 80 年代四川大学外语系的研究生，老伍可谓天之骄子。虽然那时他的眼镜片已经和瓶子底一样厚，但才情出众，言语温柔，一派绅士风度，因而颇受文艺女青年欢迎。即使在成家之后，依然还有女孩专程跑到贵阳，希望和他再续前缘。时过境迁，当我以调侃的语气说起这些往事的时候，老伍只是憨憨一笑，并不辩解。

壮年时的老伍，也曾行走天下。和那个年代很多学外语的人一样，他选择了"洋插队"，从贵州群山中走出，作别红颜，远赴美国，并在激情洋溢的大时代里站稳了脚跟，也曾任过 IBM 的中国区高管，而后又下海创业，很是风光过一阵子。

闲暇之余，老伍喜欢旅游。作为背包客的他，曾匍匐在那些历史以亿万年计的古老荒原上，或在阿拉斯加雪野帐篷里守候极光，或在墨西哥的古城里漫步。或许正如老伍自己所说，他的一生其实就是一趟旅行，虽然颠沛流离，但总是乐在其中。

2020 年，咳嗽了几个月的老伍去医院检查。彼时尚在新冠疫情期间，老伍一个人去医院，一个人做手术，一个人被宣判肺癌晚期。按说到了这般年纪，生死是寻常事，但与绝大多数人不同的是，在最后一段旅程中，老伍选择了用文字来记录一切。

不同于其他癌症记录者，老伍将自己的记录命名为《死亡日志》。很多人认为这个名字太过压抑，希望能改改，老伍却觉得，这是他和死亡的一次正面接触，"无悲无喜，既然躲不开死亡，战胜更是妄言，那就坦然地、心平气和地和死亡并行一段，直到被它彻底夺走生机"。

作为朋友，虽远隔重洋，我还是经常关注老伍的病情进展，也知道他作为"小白鼠"，参加了新型的抗癌药物实验。癌症通常会使许多患者精神委顿，但令人稍慰的是，老伍洋洋洒洒的30多篇日志，把一段沉重的生命过程表达得轻松、诙谐、通透。很多朋友本是抱着安慰的心态去读，却在不知不觉间被老伍的文字所安慰。

正如老伍自己所说，他既没有"向死而生"的豪气，也没有"万念俱灰"的沮丧，虽然也有对生命的珍视和挽留，但更多的是平静地审视。<u>人生犹如写书，总是一页页写过，写到行将收尾之际，更不能马虎潦草</u>。老伍这种老派知识分子的素养，进一步升华了《死亡日志》的认知价值。

作为"奔七"之人，每每寻亲问故时，我也难免生出"访旧半为鬼"的苍凉感。同龄人谈到死亡，言语间也多有避讳，仿佛只要不去想，就能躲开那日渐迫近的终点。站在生与死的分野，老伍在《死亡日志》的倒数第二篇——《"为何是我？"以及"为何不该是我？"》中，谈到了对宿命这一永恒话题的思考。

得知自己病入膏肓后，起初老伍很委屈。从生活习惯上看，他从不吸烟，小酌亦不过量，绝少熬夜，酷爱运动，在确诊患肺癌之前，做十个八个引体向上轻而易举，上一次住院还是50年前做阑尾手术。从心态上来说,老伍虽然没有明确皈依哪一种宗教,但一边认真学习各种经典,一边坚守基本的道德底线,不敢胡作非为。一路走来,常怀感恩之心,和朋友相交时,也多为大家带去欢乐。

"为何是我?"这一问题,曾让老伍辗转难眠。直到最近和一位医生聊天,谈到"为何不该是我?",它如五雷轰顶般,击中了他的内心。

"为何是我?"的潜台词是有怨气,但你不应该谁就应该呢?谁就一定应该呢?人生而平等,死亦如此。这才公平。"为何不该是我?"就平和多了。接受事实,不管它如何严酷。没有谁比你更应该,也没有谁比你更不应该。不抱怨,不推诿,其他思虑都于事无补。

生死间,慷慨易,从容难。多年来,我对生死看得都比较淡。对于"生",我一直提倡"三生有幸",即生活丰富多彩,生命饱满而有价值,生意是顺带的结果。生命是一种体验,幸福是一种感觉。想以有限的生命体验无限的生活,唯一的办法就是不重复,每天有看不尽的高山,有涉不完的大河,太阳每天都是新的。老伍在临终前和我的对话里,希望我把他作为"三生有幸"的一个研究样本,应该说,他做到了。

至于对死亡的态度，我更欣赏"鼓盆而歌"的庄子和"托体同山阿"的陶渊明，知生死之不二，达哀乐之为一，勘破了生死之间的界限，方能乐死而重生。病恹恹做乌龟状，即使长命百岁，又有什么意义呢？

除了生死间的思考，我在这本《死亡日志》中，还看到了知识分子的命运转折、家国的沧桑变迁、一代人行将谢幕的挽歌。萧瑟秋风今又是，换了人间。一幅时间跨度长达40年的漫长画卷在眼底徐徐展开，它蕴蓄着最深刻的情感、最莫测的转折、最激烈的碰撞和最彻底的反思，而画卷的底色，正是一个时代的风云变幻。

前些年，我曾看过一个小视频，一群白发苍苍的同龄人，泣声合唱《我们这一辈》，唱得撕心裂肺，凄楚感人，好像命运把太多的苦难和无常加诸我们这代人身上。相比之下，我更欣赏老伍的人生观，乐观豁达，淡定以对，在时代的起承转合中，大干一场，潇洒离去，也算无愧时代，无愧平生了。

人生的三种目标

每个人都想过好自己的一生。好的人生大致有三种：平顺人生、传奇人生、成功人生。

第一种人生，叫平顺人生。一般人的追求不高，也就是希望能够平平稳稳地过此一生，所以人们非常害怕兵荒马乱，都希望躬逢盛世，平平安安地过小日子。这种平平稳稳的人生就是平顺人生。

平顺人生没什么不好，就怕有时风太急、浪太高。人的一生，就像筑起一道堤坝，只要你的欲望不超过堤坝的高度，你就能收获堤坝之内的安稳的幸福。怕只怕一夕之间，海啸涌来，冲毁堤坝，一切皆无。所以，还是要庆幸我们生活在一个和平的年代，对未来能有基本的预期。

第二种人生，叫传奇人生。什么是传奇人生？自己都想不到的人生才叫传奇人生。

自 1978 年改革开放至今的 40 多年，可以说是一个传奇的时代。我们这代人的命运也随之起伏，诞生了无数的传奇故事，尤其在商界，更是如此。

这些草根老板出身卑微，没有接受过系统、专业的训练，没有优雅的谈吐，也没有潇洒的举止，但他们却是中国八九亿农民当中的龙中之龙、凤中之凤、精英中的精英。他们今天的成就，来自生存竞争。他们的发展轨迹暗合了生存竞争的哲学——优胜劣汰，适者生存。

人们看到的仅仅是他们的出身，但人们并不知道他们的成功率远远低于科班出身者，可能只有科班出身者的十万分之一，甚至百万分之一。但与低成功率相对应的高赔率，使成功的他们更具有传奇色彩与生命力。

传奇故事的另一面，正是一将功成万骨枯。

战争年代的将军或元帅，可能只是一个傻大黑粗的赳赳武夫，或者一个农民，甚至一个和尚。但是，他在战争中学会了"功成"所需要的一切知识，而且由于环境的特殊与残酷，他的这种学习能力惊人地强。洪秀全的太平军在短短数年之内就横扫了大清的半壁江山，八旗兵被打得屁滚尿流，只有招架之功，却无还手之力。如果不是后来湖南出了个曾国藩，大清可能会就此完结。指挥太平军作战的大将们，在不久前大多只是深山老林中卑微的烧炭佬或贫贱的农民，除了本村的人几乎没有人认识他们，起义之前，他们只有诸如"狗剩""发崽""旺财"等的小名，连大名都没有。而被他们打得狼奔豕突、哭爹叫娘的钦差大臣、总督、巡抚、将军们，则个个都是谈吐高雅的饱学之士。

传奇人生，拿来鼓励士气可以，但这种李云龙式的成功是建立在成本极高的淘汰基础上的。传奇之所以被称为传奇，就是因为无法复制，那些所谓成功人士和幸运儿背后，不知有多少无谓的牺牲。想要打造一支战无不胜的军队，还是要选择西点军校、黄埔军校里那些经过系统培训的仕官生。作为美国第一所军事学校，西点军校成功地培养出无数世界性的领导人才（共计1000多名世界500强企业的董事长和副董事长，其中包括可口可乐、通用电气等数十家大型企业的总裁），而且人类首次登上月球的三位宇航员中就有两位出自西点军校。换句话说，团队里需要的是成建制的楚云飞们，而不是野路子的李云龙们，毕竟楚云飞们成才的概率更大，成本更低。对个体而言，楚云飞式的成功人生，也比李云龙式的传奇人生更有可借鉴性。

20世纪90年代的风云人物牟其中，是传奇人生的典型。

1991 年，牟其中倒飞机成功，名震四海，但这也许正是其失败的开始。

用中国的轻工产品去换苏联的飞机，这种原始的以物易物的贸易，数额巨大，又缺信用中介，操作环节繁杂，成功的可能性几乎为零。一般头脑清醒者想也不敢想的疯狂事，牟其中却硬是把它变成了现实。

其实，其芝麻开门式的奇迹，皆因遇到苏联解体，不要说资源，苏联连国土都要重新划分。那时苏联国内局势空前动荡，使得俄罗斯人决心冒一次天大的风险，对明天摸不着头脑的飞机主管部门一咬牙："再不冒险，以后恐怕连冒险的机会都没有了。"

于是，在没有任何保障的情况下，飞机先飞抵中国，牟其中以此拿到了第一笔资金，并由此启动了整条交易链。

正应了美国作家马克·吐温的一句话："虚构的故事要讲求逻辑，而现实的故事则不必顾忌逻辑。"

牟其中硬是用"空手套白狼"的手法把 4 架图 -154 换了回来，从而演绎了一个前所未有的商业传奇。难怪当时的人们认为他是神，他自己也以为自己无所不能。如此，其后的失败是迟早的事了。

既然空手可以倒来飞机，那么，世界上还有什么做不到的事情呢？这个偶然的巨大成功让牟其中膨胀起来，其想象力得到了空前的释放：一会儿想在满洲里搞一个东北亚经济区；一会儿想发射卫星；一会儿想把喜马拉雅山炸个口子，让印度洋的暖流进来，把西藏变成江南；一会又谋划着在地球上建几个硅谷。

我同牟其中先生打过交道，他确有广阔的思路、宏大的气魄、惊人的口才，只可惜他搭错了车，只称得上一个"搭错了车的时代枭雄"。到了后期，牟其中更是越发陷入幻想之中，媒体人刘春曾经感慨说："老牟后期完全陷入伟人般的狂想和幻觉中了。中国人一成功就容易得这个病，办公室里挂着大幅世界地图，披着军大衣踱步，围着火炉跟青年谈话，谈到老区就流泪，对亚非拉都很牵挂。"牟其中最后被捕入狱，也是一个可以想象得到的结局。

听朋友说，牟其中出狱后又开始创业了。话语体系依旧很大气，18年的牢狱生涯，让他找到了可以"打开世界未来500年大门的钥匙"。

在《出狱声明》里，他用两句诗向现实宣战：人生既可超百载，何妨一狂再少年。

在他入狱的那些年里，商业舞台上已经更迭了几代主角，他的再出发是否会成功，我不得而知，不过，他恐怕很难再蜕变为一个合格的商人。

可能因为到了花甲之年，人老了，我对于世俗的是非成败也看得不那么重了。很多故人也纷纷船到码头车到站，渐渐离开了历史舞台。而"老牟子"这只不死鸟，虽然少年可能当不成了，但又一次活了过来，在这个陌生又急速变化的时代，他还是那个"狂人"，还在努力与时代同行，这真是一件令人欣慰的事情。

我想，和赚得盆满钵满、慈祥而平静地安享晚年相比，在历史上留下刻度与坐标，做一个不停前进的"狂人"，这样的尾声或许更符合牟其中自己的期许。

在平顺人生和传奇人生之外的第三种人生，就是成功人生。我认为，所谓成功人生，第一，是自己的人生价值能够充分实现；第二，命运的缰绳始终掌握在自己手里；第三，自己的心灵是充实的、愉悦的。拥有成功人生的人，不像有些人那样在外人看来很光鲜，但实际上活得很累，对自己所做的事情很厌烦，可又不得不为之。（有些人实际上已经患了忧郁症，昨天看着还是好好的，突然就精神崩溃了。）

我认为，在平顺人生、传奇人生和成功人生中，我们要尽量地保底，至少有一个平顺人生；不刻意追求传奇人生，因为风险很大，而成功概率很小；尽量地争取成功人生。

曾国藩应该可以算作成功人生的范例。我读过很多写曾国藩的书，有的晦涩艰深，有的云山雾罩，不知所云，然而唐浩明先生的《曾国藩》，仔细还原了一个手无缚鸡之力的白面书生，是如何力挽天倾，成就不世之功的，的确是最经典的版本。

毛泽东说："愚于近人，独服曾文正。"蒋介石评价曾国藩："立德立言立功三不朽，为师为将为相一完人。"两个敌对阵营的领袖，中国近代史的主角，对曾国藩的评价都非常高。

事实上，比起历史上另一个公认完人王阳明，曾国藩连中人之资都算不上。

小时候曾国藩在屋里背书，有个"梁上君子"想趁曾国藩背完书休息时偷点东西，但没想到曾国藩一篇文章翻来覆去读了十几遍也背不下来。这个小偷忍无可忍，跳下来大骂："这种笨脑壳，还读什么书！"骂完，将曾国藩所读的文章从头到尾一字不落地背诵了一遍，然后扬长而去。

曾国藩前后考了七次才以倒数第二的成绩考中秀才。且不说名冠天下、13岁中秀才、15岁中举人的大才子张之洞，就是和自己的学生李鸿章相比，曾国藩的才气也远远不如。

如果单论事功，王阳明没法和曾国藩比。但在精神和义理层面，王阳明是曾国藩至关重要的榜样。如果没有王阳明文人领兵的先例，曾国藩也不会筹建湘军。

苦读多年终于中了进士的曾国藩，仿佛开了窍，十年七迁，官运亨通。但是如果没有太平天国，曾国藩不会有那么大的名头，顶多是文章传世罢了。乱世给了曾国藩自主"创业"的机会。

1851年，太平乱起，烽烟遍地，湖南局势危急。咸丰情急之下，诏命在乡下丁忧的曾国藩帮助地方官员兴办"团练"。曾国藩历经千辛万苦，终于建成了一支17 000人的队伍，踌躇满志，挥师北上。

谁知一败于岳州，再败于靖港，损失惨重。万念俱灰的曾国藩纵身跳进湘江，幸好被部属及时救下，一路风吹浪打、旌旗飘摇，仓皇逃回老巢。这应该是曾国藩一生之中最失意的一天。

然而不久后，湘潭传来捷报，湘潭水陆大胜，十战十捷，黄泉路近的大清王朝又看到了起死回生的希望。一时间，朝廷褒奖，绅民欢呼，湘军成了滔滔天下的中流砥柱。

此后曾国藩振作精神，又踏上屡败屡战、艰难隐忍的封侯拜相之路，历经10年艰苦，终成不世之功。

就在曾国藩手握重兵，威望正隆时，年纪轻轻便名动天下、自诩通晓帝王术、"非衣貂不仕"的湖南老乡王闿运（字壬秋）作为说客又一次出现了。此公也的确有两把刷子，26岁就成了权倾朝野的重臣肃顺最依仗的幕僚，俨然半个帝师。

肃顺倒台前的半年，王闿运有所觉察，悄然离开京城，辗转南下，持帝王之学游说曾国藩，劝其割据东南，自立为王，与清廷、太平天国三足鼎立。然后徐图进取，收拾山河，成就帝王伟业。

游说过程中，曾国藩面无表情，一言不发，一边听王闿运讲，一边有意无意蘸着茶水在桌子上比画。谈话中途，曾国藩临时有事出去。王闿运起身，看到曾国藩在桌上写了一长串"狂妄，狂妄，狂妄"，一腔热血顿时冰凉，随即告辞回乡。

曾国藩究竟有没有心动，不得而知。我们只能从曾国藩的日记中知道他"傍夕，与王壬秋久谈，夜不成寐"。

王闿运之前，许多湘军重量级人物也曾或明或暗鼓动过曾国藩。胡林翼捎来左宗棠的一副对联："神所依凭，将在德矣；鼎之轻重，似可问焉。"

面对湘军核心人物胡林翼这位多年至交好友，曾国藩没有当场表态，只是说"容我考虑一下"。

几天后，曾国藩将对联改了一个字："神所依凭，将在德矣；鼎之轻重，不可问焉。"让胡林翼交给左宗棠。

胡林翼走后，水师内湖统领彭玉麟也问曾国藩："东南半壁无主，涤丈岂有意乎？"曾国藩说："你不要拿这种话来试探我！"

左宗棠、胡林翼、彭玉麟、王闿运，几个性格迥异的湖南人，前前后后都表达过同一种想法。

1864年，湘军攻破南京，太平天国轰然坍塌，曾国藩个人威望达到巅峰。湘军气焰熏天，收拾金瓯一片，分田分地真忙。千年古都南京遭到了前所未有的浩劫，长江之上来往的都是湘军将领装满财帛的船只，以至于很长一段时间内，湖南人中都流传着一句话："到金陵发财去。"

一片大好形势下，曾国藩更加忧心忡忡，清廷、太平天国、湘军三股势力已去其一，对清廷来说，湘军的存在已然尾大不掉。王闿运的出现更让曾国藩警觉，这种狂生都来劝我称帝，朝廷会怎么想？

果不其然，封赏与敲打接踵而至，慈禧早已摆好卸磨杀驴的架势，湘军内部群情激奋，曾国荃率多位湘军高级将领齐聚曾国藩府邸，图谋重演"陈桥兵变、黄袍加身"的戏码。

一片劝进声中,曾国藩一言不发。凝神良久,曾国藩写下一副对联:"倚天照海花无数,流水高山心自知。"众人见事不可为,才默然散去。

下定决心不反,曾国藩马上开始自剪羽翼,首先开刀的就是自家人,曾国藩强令曾国荃解甲归田。曾国荃带着一腔愤懑和满船金银财宝,返回湘乡老家。曾国藩赠给他一副对联:"千秋邈矣独留我,百战归来再读书。"

曾国荃走后,横扫江南、威震天下的湘军也迅速被裁撤,峥嵘岁月瞬成过眼云烟。自断牙齿和羽翼的曾国藩,赢得了清廷的空前信任。要知道,千百年来,功高震主又全身而退者,寥若晨星。

在曾国藩之前,湖南是一个非常落后的壅闭之地,经济不发达,民间没有工业基础,没有原始积累,曾国藩之后,看似烟消云散的湘军,实则给湖南埋下了翻天覆地的种子。

自古湖南人就有重视教育的传统,千年以来岳麓书院弦歌不绝,但当年苦于条件所限,只有少数湖南人才能读书。然而几十万盆满钵满的湘军裁撤回乡,一夜间完成了原始积累,他们开始在家乡置田地、聘塾师、教子弟。短短一二十年之内,三湘大地开始兴起一股教化之风,尤其在洞庭湖一带,更是文化昌明,全国各地有才华的人都愿意到湖南去教书。

除了物质条件大发展，曾国藩也为湖湘文化注入了新的精神内涵。战争把曾国藩和湘军推到时代的前列，南征北战让世代居住在穷乡僻壤的农民有了外出闯荡的机会。见识过人世间最复杂最严酷的斗争后，他们的眼界大为开阔，胸襟大为拓展，见识大为提高。湖湘文化在最广大的层面上有了质的提升，国家、天下、道义等原本只是少数人关心的话题，开始挂在很多普通湖南人的嘴边。

一个人改变了命运，改造了家乡，甚至改写了历史，曾国藩的经历，可以说是成功人生的典范，而且他所留下的文字也很丰富，值得大家认真学习。

交友的三种境界

所谓在家靠父母,出门靠朋友。中国人和西方人相比,更强调朋友的重要性,这和东西方社会运转的底层逻辑不同有很大关系。

西方是典型的契约社会,国王和贵族之间,庄主和农奴之间,都有契约,照章办事。而中国则是一个熟人社会,讲究人情往来,重复博弈。所谓熟人,除了有血脉亲缘的人,就要数朋友了。

关于交友,历来说法很多。管鲍之交、高山流水的千古佳话自不用谈,孔夫子曾经说过"友直,友谅,友多闻",《增广贤文》中提到"结交须胜己,似我不如无",曾国藩也说"八交九不交",等等,数不胜数,讲的都是交友之道。

我行走江湖这 40 多年来,无非"阅世识人"这四个字。所谓"阅世",总结起来三句话:读万卷书,行万里路,历万端事。所谓"识人",就是把各色人等都见识个遍,上至高官巨贾,下至贩夫走卒、引车卖浆者流，还有不少神龙见首不见尾的江湖中人，形形色色，不一而足，也结识了不少朋友。

今天谈谈我的交友原则，希望能对你有所补益。

其实"朋友"本来不是一个词，而是一对词。据说，"朋"在甲骨文中表示群鸟聚在一起的情形，商周年间，大规模的教育出现后，我们的先祖假借古字"朋"的群鸟在一起的意思来作为学生们之间的称呼；"友"在甲骨文中是两只右手靠在一起的形状，本意为友好。

所以"朋"和"友"区别很大，同门曰朋，同志曰友。师从同一个老师的人称为"朋"，《论语·学而》中说："有朋自远方来，不亦说乎？"这里的"朋"就是同学的意思，而所谓"朋党"，其实就是同学会的意思。志同道合之人称为"友"，无论酒友、牌友，还是球友、战友，总归是在某方面志同道合。

时至今日，"朋友"这个称谓被滥用得很严重，逐渐失去了本义。尤其是微信流行之后，扫个码就能成为好友。如果说微博是一个广场，鱼龙混杂，所有人都可以高声议论，那么微信就是客厅，只有好友才能登门拜访，只可惜如今客厅里坐满了来路不明的好友，以至于主人在客厅里都浑身不自在。

但即便在"朋友"泛滥的今天,我也从不轻易说某某是我的朋友,绝大多数仅能算是熟人。细想一下,我们口中的朋友,有多少只是熟人?

我把真正的朋友分成三类,谈不上有高下深浅之别,只是相处的模式和边界不同。

第一类:可以交流的

第一类朋友,是可以交流的。交浅不言深,言深不交浅。可以交流有两重含义,首先要值得交流,其次要能够交流。

值得交流的前提很简单,就是人品好。朋友一定要是好人,是热心人,是走正路的人,能力是否出众倒无所谓。我给这样的人取了个外号,叫作"无公害植物",要说成就什么伟业谈不上,但是人很阳光,充满正能量。我很喜欢和这样的人交朋友。

交朋友不能有功利色彩。我有一个原则,不问出身门第,不问南北东西,只要有可交之处,人品过关,三教九流我都乐意打交道,也都能从他们身上学到很多有价值的东西。

当然,如果一个人的人品有问题,万万不可深交。判断一个人的人品,其实并不简单。毕竟社会是一个大染缸。有些人看起来很邪，其实很正；有些人看起来很正，其实路子很邪。当然，有很多人为求生计而在污泥浊水中挣扎，但他们骨子里还是渴望阳光的。

有的时候，人们做一些事情可能会身不由己，最简单的例子就是说话。说真话在某些时候是危险的，小则不合群，容易得罪别人，大则容易惹祸上身。但是绝对不要说假话，不要说违心的话。现在这个社会上阿谀奉承的人不少，到处花花轿子人抬人，他们都认为说恭维话不掏钱，光赢不亏，成本最低，所以越说越多。这也符合人避实就虚、趋利避害的特点，但牺牲了人品和格局。

我曾经告诫我的员工，可以不说真话，但一定不能说假话。朋友们相处的时候，或者遇到重大社会问题的时候，可以苟全，但是不能违心。交朋友的底线也是一样的，你可以不当好人，但一定不能当坏人。

能够交流，也就是我们常说的能聊得来。酒逢知己千杯少，话不投机半句多。要是驴唇不对马嘴，总是对牛弹琴，硬搅在一起也很辛苦，何必呢？朋友要是没什么共同话题，一般是很难长久交往下去的。话不投机，自然就渐渐疏远了。当然，能聊得来不是要求对方有多深刻睿智，只要他对生活充满热爱，并且尚有思考的冲动就足够了。

这么多年来，我认识很多被社会打磨得失去了棱角的人。跟他们聊天的时候，发现他们即使到了一个热闹的群体里面，也非常拘谨，就像契诃夫写的"套中人"一样，已经被锻炼得炉火纯青，基本没有锋芒，没有个性，为人外圆内方，四平八稳，聊天也是八面玲珑，顶多谈一点"今天天气哈哈哈""今天饭菜哈哈哈"这类话题。他们不谈任何尖锐的问题，虽然是无公害植物，但真的很难交流。

还有一类人，可能是视野或格局所限吧，整天困在自己的小圈子里，关注些鸡毛蒜皮的琐事，蜗牛角上争天地，对于外界基本丧失了直觉。和这类人在一起，有时也要碍于面子寒暄两句，着实让我感觉很痛苦。

值得交流、能够交流，这两个要求看起来很简单，但其实已经筛掉了90%的人。有的人立身不正、花言巧语，有的人则是浑浑噩噩、人云亦云，这样的人还是不交为妙。

第二类：可以合作的

第二类朋友，是可以合作的。

通常来说，总会有人劝告你，朋友间轻易不要合作，因为一旦涉及利益，友情往往会分崩离析，最终落得个友情和事业皆失的局面。似乎现实的教训也大多如此。

但在我看来，朋友间不仅可以合作，而且这种合作一旦达成，远比陌生人间的合作更有力量，关键在于你能不能把握节奏。朋友间的合作是一个循序渐进、不断调试和选择的过程。要由浅入深，慢慢把握对方的优势和劣势，相互磨合，而不能一步到位。

当然，在合作过程中要常怀善意，而不是斤斤计较。这个社会聪明人很多，但是一群聪明人在一起往往做不成事情，一个比一个算得精，谁都不肯吃亏，只想着占便宜，合作的基础都难以具备。相反，当你怀有足够的善意，并且掌握从小到大、由浅入深的方法，你会发现，朋友间的合作很容易达成。

如果说合作的前提是善意，合作的方法是由浅入深，那么在合作过程中最重要的品质是什么呢？

我认为，就是"靠谱"。有人说靠谱是契约精神，有人说靠谱是尊重时间，也有人解释为有效反馈。要我说，其实很简单，<u>把事情交托给你，能让别人睡得着，这就是靠谱</u>。

我非常看中"靠谱"这个品质。做事情，小有小的靠谱，大有大的靠谱。小到一个司机能不能准时、安全、平稳地把人送到目的地，中到一个向导能不能尽心尽职地安排好全程的考察，大到生意上的合作伙伴能不能保质保量、按时按点地完成交付，都是检验人是否靠谱的表现。只要是靠谱、在本职工作上能力过硬的朋友，都是可以合作的朋友。

举个小例子。我有一次去韩国打球，联系了一位向导全程接待，期间她安排得非常周到，球场、美食、酒店等全部考虑得很细致，完全不用操心，让我们一行人在韩国度过了一周的愉快时光。临别时，这位小姑娘居然把所有的开销算得清清楚楚，一定要把最后剩下的两三万元预付款还给我。

这真是令我很惊诧。实话说，我从一开始就没打算再把剩下的钱要回来，因为一来她的经济确实相对不宽裕，二来她做事情很靠谱，我想就当作小费算了，没想到她却恪守契约精神把钱还了回来。这真是比我见过的很多老板都要强。保持好这种光风霁月的操守，这个小姑娘将来何愁做不出一番事业？

再比如，我是一个极其守时的人。打球，说几点到，无论刮风下雨，我都会按时出现在场地上，但往往会有人以各种各样的借口迟到，而且迟到的往往总是那么几个人。对于这样的人，我通常会给三次机会，或许他们确实情有可原。如果超过三次，无论有千万条理由，我都不会和他们在球场之外有任何业务上的合作。

第三类：可以托付的

第三类朋友，是可以托付的。这样的朋友，可遇不可求，有一两个就是幸运。谈恋爱讲究托付终身，交朋友也一样，因为你托付的，很可能是身家性命。

如果古代有朋友圈的说法，最有名的朋友圈可能当数竹林七贤。其中嵇康和山涛的关系最复杂，也最值得深思。

嵇康和山涛两人相逢于布衣，共游于竹林，清谈饮啸、狷介疏狂，互引为知交。然而真正让这段关系留名青史的，是嵇康的《与山巨源绝交书》，这篇文章写得相当不客气，几乎算是指着山涛的鼻子骂他不够朋友，其实原因很简单，山涛步入官场，举荐嵇康也出来做官。嵇康确实性情刚烈，别人举荐你做官，你不做就是了，犯不上绝交。即使绝交，也犯不上措辞如此严厉、伤人甚深，搞得山涛狼狈不堪，千载之下，依然背负着不够朋友的骂名。

然而故事的最后，嵇康因为恃才傲物，得罪了司马昭，被判处死刑，在临终前，山涛带着嵇康年仅 10 岁的儿子嵇绍去探望嵇康，嵇康毫不犹豫地把儿子托付给了山涛。

在法场上，嵇康弹毕《广陵散》，从容地对将成孤儿的嵇绍说："巨源在，汝不孤矣。"山涛也没有辜负嵇康的托付，他待嵇绍如己出。嵇绍长大成人后，又由山涛举荐做官。成语"嵇绍不孤"就是由此而来。这段故事，后来也被记载到了《晋书》中，成了堪比管鲍之交、高山流水的千古佳话。

大道朝天，各走一边，但这并不妨碍嵇康在生命的最后关头向山涛托孤。读史每读至此，都让人动容。

除了托孤之外，事业的托付同样重要。马克思和恩格斯，既是一辈子的挚友，又是终生的事业伙伴。在马克思逝世后，恩格斯花了整整 11 年时间，夜以继日地抄写、补充、编排，终于整理完了《资本论》这部伟大的著作。为了帮马克思整理未完成的《资本论》，他甚至放下了自己手上的《自然辩证法》，最后导致这部著作没有完成，只留给后世一部草稿。这种程度的托付，不仅需要相互极深的了解，更需要一致的价值观和理想，方能实现，这也是最高层面的托付。

近日我在酒桌上闲聊，提起托付，席间有人有所触动，讲了一个亲身经历的故事。他儿子在海外留学多年，前段时间回国，正式步入社会工作前夕，他儿子和他推心置腹地谈了一次，问道："如果有一天你出了事，在常规的社会途径失效的时候，我该去找谁？"

这是一个冷静而深刻的问题。这位老兄混迹江湖半生，关系网不可谓不深厚，但说到可以托付的朋友，思考良久，最终也只数出一个半。

上文的三类朋友只是我的划分标准。孔子也有自己的标准，他把朋友分为四类，《论语·子罕》中写道，子曰："可与共学，未可与适道；可与适道，未可与立；可与立，未可与权。""共学"者即共同学习的伙伴；"适道"者即拥有共同目标和志向的"同道中人"；"立"与"三十而立"中的"立"意思类似，指的是在社会上成就一番事业，"可与立"者也就是可以共事的人；"权"指通权达变，"可与权"者是在紧要关头可以一起权衡利弊轻重的人。

同样，你也可以建立自己的交友标准，不过，**切记凡事过犹不及，一旦失去分寸感，模糊了边界，再好的友情也会变成一场灾难。**

知识的五个层次

这些年来我能做点事，我把原因概括为"读万卷书，行万里路，历万端事，阅万般人"。

知识是一个立体的结构。结合我这几十年来对于知识的不断学习和思考，<u>我认为知识可以分为五个层次：信息、经验、智慧、思想、理论。这五个层次既逐层递进，又相互贯通，就像五个台阶，不同的台阶对应着不同的格局和气象。你站在什么样的台阶上，将决定你未来会有多大作为。</u>

信息

绝大多数人口中的知识仅仅停留在信息这个层次上，信息的多少可以用来衡量一个人的开化程度。人们有时会说某个人是"土包子"，其实就是说这个人信息闭塞、孤陋寡闻。

在交通不方便的时候，很多身在农村的父老乡亲可能一辈子都没出过远门，过着日出而作、日入而息的日子。在我生活的贵州大山里，要是有人能走州逛县，看过外面的世界，那就绝对属于见过世面的人了。

记得小时候，家旁边时常蹲着一个四川的算命先生，立着一面半新不旧的旗子。我小时候喜欢听他给别人算命。这个算命先生能从天府之国跑到贵州深山里，肯定是走南闯北跑过码头、蹚过江湖的人，就算是讲故事，也讲得比别人动听。很多一辈子足不出户、连县城都没去过的人，不能指望他掌握多少信息，因为他连最基本的开化都称不上。

是否掌握信息、掌握信息的多少、能否对信息进行初步处理，是衡量知识水平、区分现代人与蒙昧人最基本的指标。

与前者相对的还有另一种人，他们大多满肚子的信息，但最多也就相当于包工头，砖瓦之类的建筑材料随身带着一堆，但始终不会盖房子，更不可能建成巍峨的建筑，充其量只能算是"知道分子"。

构建巍峨的知识大厦最基本的前提就是掌握信息，但掌握信息终究只是手段而非目的，闭塞和迂腐同样不可取。

经验

信息爆炸是现代社会的一大特点，一个人的存储量终究有限，如果只是像两脚书橱一样保管，即使有再大的书橱，也存储不了多少信息。真正有本事的人善于去芜存菁、去伪存真，善于提炼概括归纳，让信息活起来，随时能拿出来用。这就是我们所说的经验。

经验来自生活的历练，是撞了南墙知道回头的自知能力，有些人虽然饱读诗书，但终其一生，如果不能总结和积累经验，终究会一无是处。

当然，总结经验的人也有两种。一种是变得更为油滑，去迎合、适应社会，甚至采取偷奸耍滑的办法做事；另一种，恰恰相反，在经历过这个过程以后，发现社会中有许多不合理的地方，然后积极地改造它们，为社会的进步尽自己的一份力量。选择成为哪一种，就和人的心性有关了。

另外，有的人看到别人跌倒，自己就能避过去，这就是典型的聪明人。有的人在哪里跌倒就从哪里爬起来，也不失为一条好汉。有的人呢，从哪里爬起来又在哪里跌倒，这就是人们说的"一根筋"，永远在同样的地方犯错误，永远在犯同样的错误。

经验的积累和学历高低没有关系，只和一个人的悟性与灵性有关系。有很多农民并没有读过书，也没见过多少世面，但是很有经验，而且是在生活中积累的经验。那些我们耳熟能详的农谚，都是经验，比如"雷公先唱歌，有雨也不多""朝霞不出门，晚霞行千里"等。乡间俚语也是经验的一种体现。

同时，经验既是知行合一的产物，又能推动我们更好地知行合一，把众多信息变成自己观察问题、分析问题、处理问题的能力，从而少走弯路，不重复。人生有限，但经验能有效地拉长人生的长度，使人看到更多的风景。

智慧

经验有对有错，甚至有时会和时代发展的步伐相违背，因为经验只能总结过去，而无法体现未来。只有把经验升华成智慧，我们才能做到鉴往知来。

智慧同经验一样，也是没有高低贵贱之分的，传达室的老大爷和田间的农民，也会有自己的智慧。对知识阶层来说，智慧更是在前两个层次基础之上的升华，是决定一个人能否厚积薄发、有所创新的关键。

我觉得，有些所谓满腹经纶的海归和走街串巷的卖艺人相比，并不一定前者更有智慧。后者典型的例子就是赵本山，这位"黑土大爷"无疑是有智慧的人。他没读过什么书，但在年轻时和流浪的二叔跑过江湖，这段经历让他对于社会风俗、人情冷暖有了深刻的认识，而且他极具表演天赋，学什么像什么，吹拉弹唱都能上得了手。

尽管这个人身上有一些毛病，包括典型的农民式狡黠，传统的官本位意识也很浓厚，但前些年的春晚，几亿人等在电视机前就是要看赵本山的一个小品。他的智慧，能给辛辛苦苦一年的老百姓带来十分钟的笑容，让他们暂时忘掉生活中的不如意，能够在欢乐中迈向新的一年。

思想

第四个层次，叫思想。前面谈的获取信息、总结经验和升华智慧，其实都是为形成思想做铺垫。不为世故所淫，不为利害所动，不为他人言论所左右，冷静看待和分析一切，独立思考问题，所发表的意见对别人有启发，这样的人就能够称得上有思想的人了。

达到这个层次的人，可以用《论语》中的"君子不器"来形容，他们从医可能成为悬壶济世的名医，从商可能富甲一方，从事咨询可能成为顶尖的咨询师。有思想的人尤其适合一些创新性的工作，因为创新总是闪耀着思想的光芒。

理论

思想再上一个台阶，就成了理论。与思想的碎片化和快速迭代不同，一套完整的理论讲究逻辑自洽、章法严谨、开阖有度，只有扎实地打好根基，理论才能够自成体系。

孔子虽然自称述而不作，但他显然是一位大理论家，仅仅是弟子后人根据孔子言行片段整理出来的《论语》，就闪烁着理论的光芒，再加上有着"浩然之气"的孟子，双圣创立的孔孟之道开2000多年儒门道统，奠定了中华民族的精神版图，这就是理论的力量。后世的张载、朱熹等，在孔孟之道的基础上，各有建树，也能称作一代理论大家。

这些理论家中以王阳明最为典型，他堪称知行合一的典范，也是中国知识分子的杰出代表，持剑能肃风云，提笔能立大道，为官能安一方。他所创立的阳明心学影响深远。且不说曾国藩、蒋介石这些广为人知的阳明心学拥趸，近几年来阳明心学越炒越热，2016年有几千名海内外学者专程到贵州祭拜王阳明，阳明心学的影响力可见一斑。

理论体系的建设不是一朝一夕之功，而是需要读万卷书、行万里路、历万端事、阅万般人的积累。现在有些人冒充理论家，故弄玄虚，他们能坚持多久，只有天知道。

我们在做策划的同时，一项重要的工作就是在大量实战案例的基础上，总结、概括、归纳出规律，建立一套自己的理论体系，并不断地自我扬弃，不断地挑战自我，慢慢地让自己从经验的层次上升到理论的层次。

知识层次分明，门类庞杂，涵盖众多。很多人不得其门而入，担心自己被淘汰，这也是现代人普遍焦虑的心理根源之一。其实，现代人之所以焦虑，最主要的还是因为内心没有安全感，怕被这个时代淘汰。而在很多人眼中，解决没有安全感这个问题的最好方式，就是像周围的人一样购买一件让人"具有安全感"的马甲。这件马甲可能是苹果手机、房子、豪车，也可能是所谓的"知识"。

总之，在这些人眼中，不管是什么，只要能和大家一样就行。不少"有心人"抓住商机，在其中大捞一笔。但是，我可以很确定地告诉大家，知识不可能靠听一场演讲、背两段金句或者上几堂网课就获得，这充其量只能让人产生学习的幻觉，从而缓解内心的焦虑。合抱之木生于毫末，九层之台起于垒土，真正的知识获取，只能靠勤学多思，夯实基础，再加上些许天生的悟性，除此之外，别无法门。勤学多思，是对知识的尊重，也是对自己的负责。

知识有五个层次，相应地，人才也可以划分为五个层次：掌握信息的人能够为人所用，富有经验的人能够少走弯路，具有智慧的人能够抢占先机，独具思想的人有可能成就一番大业，而那些极少数能够创建理论的人则可能引导社会。

在这个很多人都焦虑的时代，时刻保持头脑清醒尤为重要。**我们要铭记，知识是一种力量，更是一种修养。**

知人者智，自知者明

知人者智，自知者明。做任何一件事，思路是很关键的，思路不清晰肯定不行，但是只有思路也不行，你还要去执行，还要去跟人打交道。不管做什么都要和别人打交道，所以知道什么样的人可以用什么样的方式去对待也是一门学问，这就是所谓"知人者智"。

<u>想要当老板的人，都相当于木匠，木匠工具箱里的锯子、斧子、刨子、凿子、刷子等，就是各类人才，关键看你如何使用。</u>

遇到"难啃"的木材，锯子往往会大显身手。不管楠木、榉木、松木、杂木、青杠木，还是参天大树，甚至灌木，只要锯子在手，就一定能将之分割成需要的形状。即便是那些坚硬的树结，在锯子不紧不慢的节奏中，也会被锯开，或者变成粉末。锯子可谓攻无不克、战无不胜。当然，锯子有时也许会小题大做，使用不当，可能会费力不讨好。比如用锯子去分割香肠，不管你功夫如何高超，只能是狗啃一般。

再说斧子。其最大的功效是砍、劈、斫，来势汹汹，猛不可挡。但古人云："一鼓作气，再而衰，三而竭。"用力过大，一旦砍不翻对方，不仅自己脚酥手软，而且给对方喘息之机。程咬金的三板斧就是如此。如果情况不明，心中无数，可能用斧子不但达不到初始之目的，反而伤及自身。所以斧头不可乱用。

建房也好，打家具也罢，没有刨子是不行的。打地基、立大梁、垒框架，刨子发挥不了什么作用，但是做墙板、装门面，尤其是打家具，刨子可就能派上大用场。刨子总能在固定的模式下——如劈开的树、锯好的料，甚至打好的家具上，大显身手：一阵刨花飞舞之后，平整如水，光滑似玉。然而，如果错误地使用了刨子，除了毫无成效外，可能还伤及材料，甚至破坏家具平面。

盖房子、做家具，同样离不开凿子。真正的大师，比如鲁班，不管是修筑气度恢宏的宫殿，还是建桥盖屋，不会用一根钉子，靠的就是凿子。凿子专业、理性、冷静，只要目标锁定，方向明确，一定会深入骨髓，让你无法动弹。当然，"人非圣贤，孰能无过"，如果木匠没有把凿子对上眼，只能是乱凿一气，无功而返。

除此之外，工具箱里还有刷子的位置。刷子既无锯子之威、斧头之猛，又无刨子之巧、凿子之力，性情温顺，随遇而安。老天永远是公平的，他老人家"关了一扇门，就一定会开一扇窗"。刷子不仅可以粉饰墙面、装点房屋，而且能够油漆家具、光滑器具。当然如果没有目标，或者心灰意懒，刷子可能就乱涂一气，不但起不了粉饰墙面、装点房屋等作用，反而会"画虎不成反类犬"。

锯子、斧子、刨子、凿子、刷子，高明的师傅往往能取其长而避其短。很多人的短板是天生的，想要弥补只能是徒耗心血，关键是如何巧妙地避开，而作为人才本身，最应该明白的就是自己的长短。

<u>知人不易，自知更难。一个人的性格决定了他会如何面对社会，会如何整合资源，最后一切看似水到渠成，其实背后是他的性格在起决定性的作用。</u>所以在做生涯规划的时候，一定要看清自己，适合自己的才是最好的。

<u>自知之明，首先要知道适合自己的目标是什么。</u>这并不是一件容易的事。我认识一些人，他们相信能把握自己的命运，在改革开放的浪潮中纷纷辞去公职，到南方下海去了，结果蹉跎岁月。其实他们原本的机会是很不错的，但是他们认为那不是机会，只有到南方去下海才是机会。不是南方没有机会，而是那些机会不适合他们。有些事情，看上去都是一样的，但是不同的人去做，

结果往往不同。我经常问一句话："我要什么？"任何人在做事之前，尤其在做重大决策之前，都要扪心自问这个问题。

自知之明，其次要知道自己的长处。要认识到自己适合做什么，能够做什么，干什么事情能够比别人干得更好。所谓长处，不仅包括你表现出来的突出能力，而且包括你的做事风格，甚至思维方式。

也许有些性格是天生的，很难改变，比如热情外向，或含蓄内向，但只要我们清楚自己的长处和短处，是锯子就按锯子用，是斧头就做斧头能做的事，人生的路就会走得更加顺畅和自如，也更能掌握自己命运的风帆。如果拧着来，只能是处处碰壁，处处被动。

具体该怎么认识自己？其实，多问自己几个问题就行。第一，你做过哪些有成就感的事？第二，你做什么事情之前会充满期待，并愿意投入大量的时间和心血？第三，你认为凭借自己的努力，能把哪些事情做得相对好？

这些问题的答案，其实就是你感兴趣、有感觉并能持之以恒做下去的事情。

自用之才与被用之才

前文讲到自知之明，我认为年轻人对自己最重要的认知，就是判断清楚自己是自用之才还是被用之才。

在我看来，所有身处这个时代舞台之上的人才，可以分为两种，一种是自用之才，一种是被用之才。前者少，后者多。

自用之才，顾名思义就是能够自己创造舞台发挥才能之人才。这类人才能够自己创造舞台，周围的环境对他影响不大。自用之才小则敝帚自珍，善于扬长避短，任何诱惑和忽悠都不能打动他，因为他认定了自己是某一方面的天才，不会被外面的东西所吸引，不会转行；大则会为身边优秀的人创造一个广阔的舞台。

当代很多成功的企业家都是这种自用之才，如乔布斯、马斯克、任正非等。

被用之才，则是大多数人才的写照。这类人才需要借助别人的舞台来唱戏，他们能否成功取决于有没有适合他们的舞台。被用之才需要伯乐来发掘，否则由于才华施展不出来或者施展错位，都会遭受怀才不遇的痛苦。

古往今来，太多被用之才埋没在错误的舞台之上，所以才有"非才之难，所以自用者实难"的《贾谊论》。而被用之才一旦被放到了合适的平台上，就会迸发出奇伟磅礴的能量，让其身处的舞台也大放异彩。如腾讯的张小龙、华为的李一男。

想明白自己究竟是自用之才还是被用之才，是很多年轻人摆脱迷茫的第一步。可惜的是，没有任何一所大学教这堂课，若再无高人指点，很多人只有走了弯路，吃了大亏，才幡然醒悟。

有的人这辈子能够自用其才，周边环境对他的人生道路影响不大。我就是一个自用之才，这么多年走过来，有很多机会当官，也有很多大老板拉我入伙，我都坚决拒绝。拒绝的原因是什么呢？因为我知道我追求的幸福是什么，我知道我的人生意义在哪里。我在精神上不需要依靠任何人，从心所欲，能够按照自己的方向生活；我知道我做的事情一定要自己做主，一定要形成卖方市场，只有别人求我，我不求别人；要形成卖方市场，就必须把我这只桶的长板做得最长。

今天的中国，大凡成功的老板都是自用之才，他们有自知之明并且知人善任，大凡自用之才都能够创造平台。实际生活中大部分人是被用之才，他们本身可能很聪明，但不知道自己适合做什么。本来是斧头，非要去当锯子。本来是锯子，却想给人当刨子。最后的结果是搞得自己一头雾水，非常痛苦。出门的时候雄心勃勃，回来的时候只有空空的行囊。

人生需要舞台，能创造舞台者凤毛麟角，多数人得借助舞台。小人物需要大舞台来提升，小舞台需要大人物来支撑。对年轻人来说，可能人人都想成为创造舞台的风云人物，但实际情况是大多数人其实都是需要借助别人的舞台来唱戏的人，这是很正常、很自然的事情。如何在别人的舞台上唱好戏也是一门很大的学问。

自用之才并不一定是老板，被用之才也并不一定在打工。人生的成功是一个不断叠加的过程，每一次转型都不是对前一阶段的简单否定，而是以原有的积累为基础再上一个台阶。人生定位不仅取决于个人的主观判断，还要经过与客观环境的互动与磨合。

我这些年接触过很多明明是被用之才却偏偏自以为是自用之才的人，他们即使很聪明、很努力，最后却也是满地鸡毛，一事无成。

相反，很多明明是自用之才但没有意识到，或者不敢自己放手去做的人，在甘当被用之才的过程中消磨了才华和青春，错失了大好机遇和更广阔的舞台。

知人者智，自知者明。相对于了解他人来说，搞清楚自己的定位更为重要。两者错位，皆为蠢材。

有人会问，在决定我是自用之才还是被用之才上，天赋和后天努力，哪个更关键？难道被用之才就永远当不了自用之才？

首先需要明确的是，自用之才与被用之才并无高下之分。这背后其实更多的是思维方式的问题。

如果你从一开始就认定了自己是被用之才，那么可能在某种程度上你也就丧失了成为自用之才的可能性。如果总是喊着自己是打工人，在打工的环境里做着打工的事，用打工的思维处理工作和生活，那么久而久之，即使你有成为自用之才的潜力，也会被逐渐埋没。

所以，即使是被用之才，也要具备自用思维，努力寻找并抓住机遇，找到合适的平台发挥所长，才更能实现自己的价值。

但是，即使你认定了自己是自用之才，也不能上来就一头扎进市场经济的汪洋大海中。因为自用之才纵使天生，其成功也非一蹴而就。

每个自用之才在具备自用能力之前，都处在被用的平台或位置之上。换句话说，无论是自用之才还是被用之才，首先要有用，要提高自我的价值，否则别的什么都是空谈。

一个年轻人在走向社会时，我建议首先应当从被用之才做起，之后有条件了，再自己创造平台，创立一番事业。

刚刚进入职场时，千万不要被成功学所忽悠，一开始就要一个惊天动地的价码。有些企业为了招兵买马开出高额的价码，很多人拼命地包装自己，想去应聘。但他们没想过，老板不是慈善家，老板给你100万元，是希望你能带回来1000万元。能骗得了一时，骗不了一世，当你不具备这种能力的时候，你干不了三个月还是得卷铺盖走人。

我讲一个小故事。我们智库有个员工，20年前就是博士。当时博士是很少的，如果去当公务员，车啊房啊都会有，但他就是"王八吃秤砣——铁了心了"，非来深圳投奔我们工作室。我们当时在一个"水帘洞"里办公，上无片瓦，下无立锥之地。他留下一纸求职书，告诉我说：第一，他来是投奔事业的，不是来找饭碗的；第二，他来投奔王志纲工作室，如果接收他，给他三个月时间，他不要一分钱，让他扫地还是擦桌子都由我们说了算，三个月以后，要是认为他行就留下他，认为他不行，随时可以走。

当时我对员工说，看看，这种"只问耕耘，不问收获"的精神，就是自信的表现。然后，我留下了他。20年过去了，他现在是上海中心的总经理，带出了一大批精兵强将。这个故事可以说是我很重要的一个人生经历。真正自信的人，是不会一开始就开出天价的，而是会用实干来证明自己。

所以无论自用之才还是被用之才，初入社会时，不要好高骛远，踏踏实实地培养核心能力才是最现实的。

对于希望创造平台的自用之才，我送给你们四句话：搭平台，看方向，选人才，做服务。除此之外，无他。"知人者智"就是针对这样的人说的，因为知人善任是当老板的一个基本条件。

总之，对每个平凡的打工人来说，想明白被用之才与自用之才的关系，找准自己的定位，才有可能规划好自己的人生，更早地在自己感兴趣且擅长的领域发挥所长。否则，无论是哪种人才，每天拧巴地活着，不仅于缓解焦虑无益，更有可能淹没在茫茫人海中。

你的自我认知决定了你的未来。是成为优秀的千里马，还是激发潜力做伯乐？这是一个天赋与努力并重的选择。

- 我认为,幸福的标准是三个自由:财务自由、时间自由和灵魂自由。

- 我认为,在平顺人生、传奇人生和成功人生中,我们要尽量地保底,至少有一个平顺人生;不刻意追求传奇人生,因为风险很大,而成功概率很小;尽量地争取成功人生。

- 把事情交托给你,能让别人睡得着,这就是靠谱。

- 切记凡事过犹不及,一旦失去分寸感,模糊了边界,再好的友情也会变成一场灾难。

- 我认为知识可以分为五个层次:信息、经验、智慧、思想、理论。这五个层次既逐层递进,又相互贯通,就像五个台阶,不同的台阶对应着不同的格局和气象。你站在什么样的台阶上，将决定你未来会有多大作为。

- 我们要铭记，知识是一种力量，更是一种修养。

- 知人不易，自知更难。一个人的性格决定了他会如何面对社会，会如何整合资源，最后一切看似水到渠成，其实背后是他的性格在起决定性的作用。

- 我认为年轻人对自己最重要的认知，就是判断清楚自己是自用之才还是被用之才。

- 自用之才，顾名思义就是能够自己创造舞台发挥才能之人才。

- 被用之才，则是大多数人才的写照。这类人才需要借助别人的舞台来唱戏，他们能否成功取决于有没有适合他们的舞台。

- 你的自我认知决定了你的未来。是成为优秀的千里马，还是激发潜力做伯乐？这是一个天赋与努力并重的选择。

后记

人生三底

一个时代有一个时代的鸟儿,一个时代有一个时代的歌谣。

行文至此,愈发感慨丛生。时光如水般从眼前流过,多少鲜活的岁月亦逐渐褪色为模糊的剪影。

当然,每个人所处的人生阶段不同,所处的时代不同,人生的境遇自然也不尽相同。鲁迅曾说,人类的悲欢并不相通。但我始终觉得,尽管看起来不太一样,但本质总是相似的,我们都经历过无处释放的青春、惶恐不安的困顿、激情洋溢的岁月和柴米油盐的平凡,我们也都曾在人生的十字路口沉思:究竟向何处去?生命的价值到底何在?

我经常讲,上不封顶,下有保底,做任何事,一定要把底踩实。因此,在全书的兜底处,我想用人生"三底"——底座、底色和底蕴来总结,或许有助于你更好地理解、掌握本书的核心要义。

"三底"之中,最关键的是底座,底座是汽车的底盘、房子的地基,是一个人的成事之基、立世之本。所谓"根基不牢,地动山摇",说的就是底座出了问题。

底座的本质,其实归根结底是一个问题,那就是:"我要什么?"

都说"做正确的事和正确地做事",但究竟何为"正确"?

都说"重要的事情永远不忙",但究竟何为"重要"?

都说"小道理服从大道理",但究竟什么才是"大道理"?

说到底,底座是一个价值观问题。只有回答好这个问题,才能不随波逐流,不脚踩西瓜皮;才能充分释放自我、燃烧自我;才能既不好高骛远,也不苟且偷生;才能面对风云变幻,从容以对。凡符合我人生目标的,无问东西,不计代价;凡不符合的,弃之如敝屣。这样人生最终才能构成一个闭环。

俯仰无愧天地,褒贬自有春秋。底座是人生的四梁八柱,底座有了,才能掌握命运的主动权,人生虽然短暂,但终归是有价值的。

那什么是底色呢？

底色的本义是指打底的颜色，绘画时着的第一层色，是决定整幅画基本色调的颜色。《论语》中有这么一段话，子夏问曰："'巧笑倩兮，美目盼兮，素以为绚兮。'何谓也？"子曰："绘事后素。"曰："礼后乎？"子曰："起予者商也，始可与言《诗》已矣。"这段话讲的也是底色的重要性。

于人生而言，底色是一个人从小形成的人生信仰、道德品质和行为准则。善良、正直、勇敢、孝悌、忠义，这些珍贵的品质，无论走到哪里，无论时空如何变幻，都是一个人最好的名片。

在世间浮沉，如在染缸中反复浸染，难免染上五颜六色，但底色不会轻易改变。我一直认为，我的底色就是一个知识分子，"铁肩担道义，妙手著文章"，自由之思想、独立之精神、客观之立场是我最珍视的东西。因此，我始终秉持着"特立而不独行、超然而不乖张、和光而不同尘、同流而不合污"的行为准则，努力保持独立生存、独立思考并发出独立声音的自信和尊严，庆幸的是，我把这条"第三种生存"之路走通了。

除了底座和底色之外，还有底蕴。底蕴决定了一个人的认知水平、思维逻辑和思想深度，也决定了一个人的独立思考能力。

没有深厚的底蕴，读万卷书也只是个书橱，行万里路也只是个邮差。

古往今来，底蕴有着不同的名字。中国古人称之为"道"，西方则称之为"基本规律"，巴菲特的合伙人查理·芒格有种说法叫作"普世智慧"，现在更流行的说法叫"底层逻辑"，其实都是对同一种东西的不同表述。

底蕴在本质上不是知识，而是哲学和方法论，而哲学和方法论解决的就是如何认识问题、把握规律，也叫元认知。人人都有底蕴，区别就在于深不深厚、缜不缜密、高不高级。底蕴不足的话，即使底座再牢，底色再正，也很难把握局势、成就事业。

有底座，才能站得稳；有底色，才能行得正；有底蕴，才能走得远。底座、底色、底蕴，共同构成人生的三足，支撑起人生的格局，也是每个人毕生修行的关键。

赞誉

（按姓氏拼音排序）

陈向东　高途创始人、董事长兼 CEO

我们都会说人和人之间最大的差距在于认知的差距，但深度思考如何提升认知的人并不多，敢于归零和勇于践行去提升认知的人就更少了。通过《格局》，我们可以看看他人是如何提升认知的，是如何践行认知的，是如何逐渐拥有更大的格局的。

华杉　上海华与华营销咨询有限公司董事长

王志纲老师是带我进入咨询业的师父。1996 年、1997 年，我作为智纲智库的 1 号员工，在王老师身边工作了两年，亲历了王老师在中国开创民间智库的过程，也见证了他的格局和开局。王老师所说的格局，在我看来，就是整体把握和综合判断，既动于九天之上，站在月球上看地球，又藏于九地之下，扎根于事物的底层逻辑。正是跟从王老师受训的这种格局，让我受益终身。我向读者强烈推荐王老师的新书——《格局》。

刘东华　正和岛创始人兼首席架构师

无论是纵论时势还是臧否人物，无论是挥洒文字还是激昂演讲，志纲兄总有一种把上下五千年、纵横八万里作为坐标系的恢弘气。要谈格局，首先要了解一下志纲兄的这种大气和格局是怎么来的，有无规律可循。大家都钦佩有格局的人，如果有机会，肯定也都希望自己能够成为有格局的人。现在好了，把志纲兄这本书买回家，我们就可以随时随地与有格局的人对话，持续提升自己的人生格局了！

刘润　润米咨询创始人

从商业的底层逻辑来看，格局就是你愿意在多大的范围里与这个世界交易。交易对象的广度、交易时间的长度、交易产品的深度，作为格局的三个维度，共同决定了格局的大小。在这本新书中，王志纲老师结合自己成长的经历，对格局的核心要义和修炼方法做了深入细致的讲解，相信读者朋友们一定会得到启发。

刘世英　总裁读书会创始人、总裁读书会全国领读者联盟理事长

王志纲老师是真高手，把"格局"这种似乎很空洞抽象的道理梳理得明明白白、亲切生动、可望又可即，虚事可以实做，让我们每个人在想要提升格局时都有参照和抓手。不管是想活得更明白的人，还是想干点大事的人，《格局》都值得好好品读。

龙建刚　知名学者、新闻评论家

王国维在《人间词话》中说："有境界则自成高格，自有名句。"大师说的境界，其实就是格局。古今中外，人不分贵贱，但格局的

大小，决定了人生的际遇和风景。一个人的格局体现在三个维度：看问题的高度、看问题的长度、看问题的深度。格局来自见识，思想是格局的基础和后盾。在中国智库领域，王志纲是一个现象级的存在。许多人昙花一现、来去如风，王志纲是一个例外。他行走江湖几十年，之所以勇立潮头、旗帜不倒，最大的秘诀就在于他淋漓尽致地彰显和释放了格局的力量。《格局》既是感悟录，也是教科书。打开这本书，可以找到"王志纲是怎样炼成的？"这个问题的答案。

卢克文　知名自媒体人

认知是一条长河。没有足够的认知，谈格局往往会造成超纲解读。

作者凭借自己丰富的人生阅历，从个人命运到城市、国家，从个人价值观到时代趋势，通过不同角度对格局进行了故事性阐述。可以说，漫长的时代变迁与人生感悟是这本书的特殊肌理。

施展　大观学者、上海外国语大学全球文明史研究所教授

王志纲先生的人生经历颇为传奇。他出生在贵州大山里，年轻时因家庭出身问题而对人生陷于绝望，但很快就迎来改革开放，上了大学，在新华社工作十年后又毅然下海，成为中国顶级咨询专家。他的这些经历正伴随着社会的跌宕起伏，个人的格局与时代的格局发生着共振，他对此的总结值得品读。

严九元　智谷趋势创始人

志纲老师的段位和见识，业内无人不知。他用认知帮助中国的很多企业和城市创造出一个个传奇。这本书所写的，绝不是纸上道理，而是在实践中成功地让无数牛人、名企、明星城市把握趋势、拓展格局的方法论。我读此书的最大感受，是仿佛享受到了一次麦肯锡级别的战略咨询服务，对人生决策富有启发。作为文字高手，志纲老师把晓畅与深刻兼顾得非常好，金句频出，言浅意深。志纲老师的老家离王阳明悟道的龙场只有20里，他的人生、他在书中所展现出来的追求，就是知行合一的典范。推荐每位想成事、想让人生不一样的朋友，阅读此书。

俞敏洪　新东方教育科技集团董事长、创始人

认知的差距是人与人之间最本质的差距，而认知外化到行为层面，就是格局。本书的作者王志纲先生，通过四十年"读万卷书、行万里路、历万端事、阅万般人"的复杂经历，形成了对世道人心深刻的洞察，锤炼出了宏阔的认知格局，并将这些宝贵的经验凝结在本书中。相信有心人读后一定有收获。

王志纲 中国著名战略专家 智纲智库创始人

智纲战略书院班

启迪老板战略思维 · 赋能企业创新发展

扫码报名

模块	课程	主讲
01 书院大课：认识论 【认识战略的本质】	上篇：谋生必先谋势 下篇：战略就是找魂 王志纲老师现场咨询 王志纲战略精髓综述 预见之道（大势把握/战略分析） 找魂之道（战略定位/战略方针） 聚焦之道（关键切口/破局要点） 协同之道（模式设计/资源配置） 私董会	王志纲 智库专家
02 实践研学 【战略是如何落地的】	国内游学：智纲战略书院班 优秀学员企业研学考察 外部专家专题讲座	智库专家
03 书院大课：方法论 【如何适度超前】 【三因法则】 【一二三法则】	企业研学+座谈 中国是创新之道（科创时代/创新逻辑） 企业产品创新（突出长板/构建生态） 企业模式创新（创新模式/创新平台） 企业生态创新（破除障碍/沉淀文化） 因时制宜（观大势/识拐点） 因地制宜（评环境/估要素） 因人制宜（看企业/明自知） 一枝独秀（要么第一，要么唯一） 两场统筹（跳出政商双人舞） "三老"满意（政府/企业/民众三满意）	智库专家
04 实践研学 【三生有幸世界游】	海外游学："不出海就出局" 企业研学+特邀嘉宾分享	王志纲
05 书院大课：实践论 【从战略到执行】	战略时间"金三角" 战略攻势（统帅引领/统一战线） 战略破局（小切口/营销先行） 团队孵化（办黄埔/选人才） 一对一毕业辅导 一对一毕业答辩 毕业演讲：战略与人性 毕业典礼 "书院之夜"晚宴	王志纲 智库专家

40年战略经验
王志纲领衔授课
方法论精髓+实战案例

5大原创理论
掌握战略突破之道

1对1
战略咨询实战专家
1对1现场答疑解惑

1000+
政企客户资源
有效赋能企业发展

随时报名
滚动上课